Routledge
Taylor & Francis Group

心理咨询与治疗100个关键点译丛

中央财经大学应用心理专硕（MAP）专业建设成果

IOO KEY POINTS

Solution Focused Brief Therapy:
100 Key Points & Techniques

焦点解决短程治疗
100个关键点与技巧

（英）哈维·拉特纳（Harvey Ratner）
（英）埃文·乔治（Evan George） 著
（英）克里斯·艾夫森（Chris Iveson）
赵然 于丹妮 马世红 孙海燕 译

全国百佳图书出版单位

化学工业出版社

·北京·

图书在版编目（CIP）数据

焦点解决短程治疗：100个关键点与技巧 /（英）哈维·拉特纳（Harvey Ratner），（英）埃文·乔治（Evan George），（英）克里斯·艾夫森（Chris Iveson）著；赵然等译 .—北京：化学工业出版社，2017.7（2025. 2重印）

（心理咨询与治疗 100 个关键点译丛）

书名原文：Solution Focused Brief Therapy：100 Key Points & Techniques

ISBN 978-7-122-29728-0

Ⅰ.①焦… Ⅱ.①哈… ②埃… ③克… ④赵… Ⅲ.①心理咨询 ②精神疗法 Ⅳ.① B841 ② R749.055

中国版本图书馆 CIP 数据核字（2017）第 111539 号

Solution Focused Brief Therapy：100 Key Points & Techniques，by Harvey Ratner，Evan George and Chris Iveson

ISBN 978-0-415-60613-4

责任编辑：曾小军　赵玉欣　高　霞

责任校对：宋　玮

装帧设计：尹琳琳

出版发行：化学工业出版社

（北京市东城区青年湖南街 13 号　邮政编码 100011）

印　　装：大厂回族自治县聚鑫印刷有限责任公司

710mm×1000mm　1/16　印张 16½　字数 226 千字

2025年 2 月北京第 1 版第12次印刷

购书咨询：010-64518888

售后服务：010-64518899

网　　址：http://www.cip.com.cn

凡购买本书，如有缺损质量问题，本社销售中心负责调换。

定　　价：59.80 元　

内容简介

《焦点解决短程治疗：100 个关键点与技巧》以简洁、易懂的语言介绍了焦点解决短程治疗方法的思想和实践，以及它如何让人在生活中产生高效迅速的改变。全书内容包括如下几个部分。

- 焦点解决实践的历史背景；
- 哲学基础；
- 技术与实践；
- 在儿童和青少年（包括学校工作）、家庭和成年人中的应用；
- 如何处理困难情况；
- 组织应用，包括管理、教练和领导力；
- 常见问题。

本书可作为咨询师和顾问的培训用书或实践参考书。同时，本书也是助人专业工作者的必备书，因此本书对于社会工作者、缓刑监督人、医生、教师以及组织中的教练和管理者都是必备读物。

作者介绍

哈维·拉特纳（Harvey Ratner）、埃文·乔治（Evan George）和克里斯·艾夫森（Chris Iveson）1989 年在伦敦成立了 BRIEF，这是一个独立的培训、教练和咨询机构，专注于发展焦点解决短程治疗。

序

“心理咨询与治疗 100 个关键点译丛”行将付梓，这是件可喜可贺的事情。出版社请我为这套译丛写个序，我在犹豫了片刻后欣然应允了。犹豫的原因是我虽然从事心理学的教学和研究工作多年，但对于心理咨询和治疗领域却不曾深入研究和探讨；欣然应允的原因是对于这样一套重头译丛的出版做些祝贺与宣传，实在是件令人愉快的、锦上添花的美差。

鉴于我的研究领域主要聚焦于社会心理学领域，我尽量在更高的“解释水平”上来评论这套译丛。大致浏览这套丛书，即可发现其鲜明的特点和优点。

首先，选题经典，入门必备。这套书的选题内容涵盖了各种经典的心理治疗流派，如理性情绪行为疗法、认知行为治疗、焦点解决短程治疗、家庭治疗等这些疗法都是心理咨询师和治疗师必须了解和掌握的内容。这套书为心理咨询和治疗的爱好者、学习者、从业者铺设了寻门而入的正道，描绘了破门而出的前景。

其次，体例新颖，易学易用。这套书并不是板着面孔讲授晦涩的心理治疗理论和疗法，而是把每一种心理治疗理论浓缩为 100 个知识要点和关键技术，每个要点就好似一颗珍珠，阅读一本书就如同撷取一颗颗美丽的珍珠，最后串联成美丽的知识珠串。这种独特的写作体例让阅读不再沉闷乏味，非常适合当前快节奏生活中即时学习的需求。

最后，实践智慧，值得体悟。每本书的作者不仅是心理咨询和治疗的研究者，更是卓越的从业人员，均长期从事心理治疗和督导工作。书中介绍的不仅是理论化的知识，更是作者的实践智慧，这些智慧需要每位读者用心体会和领悟，从而付诸自己的咨询和治疗实践，转化为自己的实践智慧。

一部译著的质量不仅取决于原著的品质，也取决于译者的专业功底和语言能力。丛书译者来自中央财经大学社会与心理学院、北京师范大学心理学部等单位，他们在国内外一流高校受过严格的心理学专业训练，长期从事心理学教学以及心理咨询和治疗实践，具备深厚的专业功底和语言能力；不仅如此，每位译者都秉持“细节决定成败”的严谨治学精神。能力与态度结合在一起，确保了译著的质量。

心理健康服务行业正成为继互联网后的另一个热潮，然而要进入这个行业必须经过长期的专业学习和实践，至少要从阅读经典的治疗理论书籍开始，这套译丛应时而出，是为必要。

这套译丛不仅可以作为心理咨询、心理治疗专题培训或自学的参考书，也适合高校心理学及相关专业本科生、研究生教学之用。这套译丛可以部分满足我校应用心理专业硕士（MAP）教学用书的需要。我“欣欣然”地为这套书作序，是要衷心感谢各位译者为教材建设乃至学科建设做出的重要贡献。

心理疗法名虽为“法”，实则有“道”。法是技术层面，而道是理论和理念层面。每种心理疗法背后都是关于人性的基本假设，有着深刻的哲学底蕴。我很认可赵然教授在她的“译后记”中提到的观点：对一种疗法的哲学基础和基本假设的理解决定了一个咨询师是不是真正地使用了该疗法。因此，无论是学习这些经典的心理疗法，还是研发新的疗法，都必须由道而入，由法而出，兼备道法，力求在道与法之间自由转换而游刃有余。技法的掌握相对容易，而道理的领悟则有赖于经年累月的研习和体悟。我由衷期望阅读这套译丛能成为各位读者认知自我，理解人心与人性，创造完满人生的开端。

辛自强 教授、博导、院长
中央财经大学社会与心理学院
2017 年 6 月

目录 CONTENTS

Part 1

第一部分 背景

001

1 什么是焦点解决短程治疗 002
2 焦点解决短程治疗的第一个来源：米尔顿·艾瑞克森 005
3 焦点解决短程治疗的第二个来源：帕洛阿尔托（Palo Alto）心理研究所的家庭治疗和短程治疗中心 007
4 焦点解决短程治疗的第三个来源：密尔沃基（Milwaukee）短程治疗中心和新方法的诞生 009
5 短程家庭治疗中心：第一阶段 011
6 短程家庭治疗中心：第二阶段 013
7 当今的焦点解决短程治疗 015
8 哲学基础之一：建构论 017
9 哲学基础之二：维特根斯坦，语言和社会建构主义 018
10 焦点解决短程治疗的基本假设 020
11 咨询师与来访者的关系 022
12 焦点解决短程治疗的有效性 026
13 短程究竟多“短” 028
14 焦点解决会谈的流程 030

Part 2

第二部分 焦点解决会谈的特点

035

15 治疗式对话 036
16 选择下一个问题 037
17 认可与可能性 039
18 赞美 041
19 决定在咨询中见到谁 042

Part 3

第三部分
开始咨询

045

20 “远离问题”的谈话 046
21 识别资源 049
22 带着建构的耳朵倾听：来访者能做什么，而不是不能做什么 051
23 建构历史 053
24 会谈前改变 055

Part 4

第四部分
建立合约

059

25 找到来访者最希望获得的收获 060
26 “合约”：结合点 062
27 结果与过程的区别 064
28 重要的“替代” 067
29 当来访者的希望超出咨询师的工作范围 069
30 被送来的来访者 071
31 与儿童建立合约 074
32 当来访者说“不知道” 076
33 当来访者的希望不符合现实 078
34 如何应对危机个案 081
35 当咨询师拥有资源时 083
36 没能达成一致的合约怎么办 086

Part 5

第五部分
来访者期待的未来

089

37 期待的未来：“明天问句” 090
38 遥远的未来 092
39 高质量地描绘期待的未来：来访者视角 093
40 高质量的期待的未来：他人视角 095
41 扩展和细节 097

Part 6

第六部分
什么时候发生过？成功的例子

101

42 例外 102
43 未来已经发生的例子 104
44 清单 105
45 没有例子，也没有例外时 107

Part 7

第七部分
衡量进步：运用量尺问句

109

46 量尺问句：对进步的评估 110
47 量尺上的 0 分代表什么 111
48 不同的量尺 113
49 过去成功的经验 115
50 足够好 117
51 提高分数 118
52 “迹象”还是“一小步” 119
53 当来访者打 0 分时如何应对 121
54 当来访者的打分看起来不现实 123

Part 8

第八部分
应对问句：当事情很糟糕的时候

127

55 处理困难的情境 128
56 没有让事情变得更糟 130

Part 9

第九部分
结束会谈
133

57 思考暂停 134
58 认可与欣赏 136
59 提出建议 138
60 预约下一次会谈 140

Part 10

第十部分
进行后续咨询
143

61 什么变得更好了 144
62 放大取得的进展 145
63 策略性问句 148
64 认同自我问句 150
65 当来访者说和以前一样 152
66 当来访者说更糟糕了 154

Part 11

第十一部分
结束咨询
157

67 保持对进展的关注 158
68 如果没有进展怎么办 160

Part 12

第十二部分
评估及安全保护

163

69 评估 164
70 安全保护 166

Part 13

第十三部分
孩子，家庭，学校和小组活动

169

71 孩子 170
72 青少年 172
73 家庭咨询 174
74 家庭咨询中的量尺 176
75 夫妻咨询 177
76 学校 180
77 学校：个体咨询 182
78 学校：WOWW 项目 185
79 小组活动 187

Part 14

第十四部分
成人领域的工作

191

80 无家可归者 193
81 阿尔茨海默症患者 195
82 学习困难者 197
83 药物滥用 199
84 精神健康 201
85 创伤和虐待 203

Part 15

第十五部分 督导、教练技术和组织应用

207

86 督导 208
87 团体督导 210
88 教练技术 212
89 指导 214
90 团体教练 217
91 领导力 219

Part 16

第十六部分 常见问题

223

92 这不就只是一个正向疗法吗 224
93 这不就是在掩饰伤痕吗 227
94 不处理情绪 229
95 这不就是一个基于优势的方法吗 232
96 从文化的角度怎么来看 234
97 这不就是一个解决问题的方法吗 236
98 这是一个公式化的方法 238
99 可以和其他方法一起使用吗 240
100 自助的 SFBT 242

参考文献 **244**
专业名词英中文对照表 **249**
译后记 **251**

100 KEY POINTS

焦点解决短程治疗：100 个关键点与技巧

Solution Focused Brief Therapy:
100 Key Points & Techniques

Part 1

第一部分

背景

1

什么是焦点解决短程治疗

焦点解决短程治疗（Solution Focused Brief Therapy，SFBT）是让当事人用尽可能短的时间在生活中建立改变的方法。它相信改变有两个根本来源：第一，通过鼓励来访者描述他们想要的未来——如果治疗成功的话他们的生活会是什么样子；第二，通过详细列举他们已经具备的技能和资源——那些现在和过去成功的例子。通过这些描述，来访者可以决定他们应该怎样生活。

SFBT 是一种与来访者谈话的方法。它认为，来访者谈论自己生活的方式（例如描述生活时所使用的语言）会帮助他们制造有用的改变。因此，正如某位评论者所说，*SFBT 是一种语言*，来访者使用这种语言可以从问题中找到出路（Miller，1997:214）。

BRIEF 团队是英国首个实践 SFBT 的团队，最初开展的工作是短程治疗。在 20 世纪 80 年代后期，这个方法发生了天翻地覆的变化。因为在很多人看来，咨询师不需要了解具体问题就可以找到解决方案的观点，以及来访者“自己知道答案”的观点并不成熟。再加上很多人认为，期待所有的来访者只需要平均 3 ~ 4 次会谈便可以解决问题的想法很可笑。

然而，从 2010 年起，这一疗法的很多核心原则已经被其他流派所吸收，各个流派之间的区别不再那么明显。如今，人们认为，讨论 SFBT *不是什么*，比讨论它是什么更容易一些（McKergow & Korman,2009）。例如，很多流派的咨询师表示他们在与来访者谈话时使用了未来导向的问题，甚至有人使用了所谓的“奇迹问句”

（Miracle Question）（奇迹问句被普遍认为是这一模式的创始人最广为人知的创造），很多咨询师依然认为，鼓励来访者在会谈的开始谈论他们的问题是非常重要的，问题形成的过程也是治疗的重要组成部分。焦点解决咨询师认为，来访者期待能够在咨询过程中谈论自己的问题，但咨询师并*不鼓励*来访者总是谈论问题，并且会有意识地将谈话方向转移到“解决方案”当中（Berg & de Shazer，1993）。此外，一些其他流派的咨询师在咨询结束前，会针对来访者的下一步行动提出一些建议，或者至少是一些家庭作业任务，让他们练习或解决问题。尽管一些焦点解决咨询师也会布置一些简单的任务，但他们仅仅是让来访者在下一次会谈前注意生活中发生了哪些改变。这一流派几乎不给建议。创始人之一茵素・金・伯格（Insoo Kim Berg）希望咨询师“不在来访者的‘生活’中留下脚印”，也就是最小限度地、尽可能*高效*地进行干预。*会谈本身即“干预”，别无他途*。

总而言之，SFBT 尽可能用最短的时间探索来访者希望在咨询之后生活发生怎样的改变，并寻找他们实现这一目标所具备的能力和资源。焦点解决咨询师*不评估*来访者问题的类型或为来访者提供解决问题的方案。解决方案一定要来自来访*者本人*。

如今，“短程取向的治疗”可以被看作是一个流派，与精神分析和认知行为治疗流派相类似，此流派是基于多种不同的治疗模式。而它们之间的共同点是：有意识地用尽可能高效的方式进行干预——无论先前使用了什么治疗方法，尽可能地寻找更省时的方式。

然而，一些治疗流派从一开始就设计为短程取向。加利福尼亚州帕洛阿尔托（Palo Alto）的心理研究所（Mental Research Institute，MRI）的短程治疗中心成立于 1967 年，他们的目标十分明确。来访者在咨询一开始就被告知他们的咨询会谈次数不超过 10 次。短程家庭治疗中心（The Brief Family Therapy Center，BFTC）于 1977 年成立于密尔沃基（Milwaukee），作为“美国中西部的 MRI”(Nunnally *et al.*，1985:77)，该中心以独特的方式综合了 MRI、米尔顿・艾瑞克森（Milton Erickson）的催眠治疗以及家庭治疗方法，最终发展出了 SFBT。尽管他们没有保留 MRI 不超过 10 次治疗的规定，但他们在后续的研究中发现，“焦点解决治疗”本身就具有短程的属性。因此，他们声称：“短程治疗的定义不仅仅在于次数的限制，因为在这样的限制下，无论咨询师的计划或导向如何，来访者总倾向于仅进行 6 ~ 10 次咨询。因此，我们将短程治疗划分为（a）咨询次数限制的短程治疗和（b）问题解决为导向的短程治疗。”（de Shazer *et al.*，1986:207）因此，焦点解决治疗部分来源于传统的短程治疗流派，但具有不同的方法和哲学观。

2

焦点解决短程治疗的第一个来源：米尔顿·艾瑞克森

米尔顿·艾瑞克森是一位心理咨询师和催眠咨询师，逝于 1980 年。尽管艾瑞克森很少有关于自己工作内容的作品，但他影响了很多咨询师和治疗流派，包括艾瑞克森催眠治疗、神经语言程序（Neuro-Linguistic Programming，NLP）以及很多家庭治疗方法。尽管艾瑞克森认为自己没有理论，但这些流派依然从中收获良多。

关于艾瑞克森最有名的故事都集中在杰·海莉（Jay Haley）的著作《不寻常的治疗》（Haley，1973）一书中。艾瑞克森对 SFBT 的影响可以在德·沙泽尔（de Shazer）早期的作品中找到。例如，他曾引用过艾瑞克森如下一段话：

> “在面对来访者时，要完全尊重对方所呈现的内容，无论是什么样的表达。更多地强调来访者当下做了什么，以及未来将要做什么，而不是去理解在过去如此长的时间里为什么会发生这样的问题。心理治疗的必要条件应该是来访者的当下和未来的调整。”
>
> （*de Shazer*，*1985*：*78*）

接下来，德·沙泽尔描述了艾瑞克森的水晶球技术。它可以鼓励来访者在催眠状态下幻想自己成功地克服了问题。这无疑是“奇迹问句”（Miracle Question）

的先驱，它邀请来访者想象“没有问题的生活”。德·沙泽尔对此评论：

> “这些方法被用来创造一个治疗情境，在这个情境中，来访者可以对所渴望的治疗目标做出有效的心理反应，就好像已经实现了一样……在我看来，这种技术（水晶球技术）背后的原理形成了基于解决方案而非问题的治疗基础。”
>
> （*de Shazer，1985：81*）

德·沙泽尔指出，艾瑞克森在治疗中不仅认为来访者可能发生改变，甚至认为改变是必然的（de Shazer，1985:78）。这一观点与佛教“诸行无常”的思想异曲同工。

以下是艾瑞克森的治疗实践对短程治疗的发展影响最大的几个方面：

- 利用来访者带来的资源；
- 非规范化（例如：不指定人们该做什么）；
- 不关心来访者的过去和内在觉察；
- 水晶球技术；
- 布置作业；
- 咨询师对治疗的成功与否负责。

3

焦点解决短程治疗的第二个来源：帕洛阿尔托（Palo Alto）心理研究所的家庭治疗和短程治疗中心

心理研究所（MRI）是由心理咨询师、家庭咨询师唐·杰克逊（Don Jackson）于1959年建立的，该机构以发展和研究沟通和治疗技术而闻名。1967年，MRI成立了一个中心，用于进行短程治疗实践，在这里形成了一个新的家庭治疗流派——策略派家庭治疗。

其中一个团队由约翰·维克兰德（John Weakland）、保罗·沃兹拉维克（Paul Watzlawick）和迪克·费什（Dick Fisch）领导，他们致力于研究沟通的模式，特别是围绕问题展开的沟通，以及思考如何测量系统“改变–对抗改变”的内稳态。他们对于与来访者互动的模式的研究，引发了关于问题形成的全新的视角。

> 这个团队最有影响力的观点之一，是他们认为问题是从人们如何（在某些往往很平常的情况下）感知以及解决生活中遇到的困难中产生出来并持续存在的。如果受到理智、逻辑、传统或“常识”的引导，尝试用多种方法去解决问题（这些方法常常包括对困难的否认），不仅没有明显的效果，还有可能加重问题状况。治疗聚焦于改变“尝试解决问题”的模式，其做法是终止这种模式，甚至是反其道而行之，无论它看起来是多么符合逻辑或多么正确。
>
> （*Cade, 2007:39–40*）

在艾瑞克森的影响下，MRI 的成员不再企图尝试理解问题和它的“根本原因”。相反，他们接纳问题的表面意义，考虑此时此地围绕问题发生了什么，设法影响来访者去改变他们的行为。MRI 的成员并不涉及正式的催眠治疗，但他们研究艾瑞克森对语言的使用，学习他如何*构建*使来访者发生改变的任务。例如，他经常建议来访者在改变的过程中“慢一点”（Weakland *et al.*, 1974），告诉他们，现在这个阶段做出改变有可能让事情变得更糟。这样做反而容易使来访者产生更多的改变。他们发展了“重构”（Reframing）的技术，对问题或问题行为做出了全新的描述，鼓励来访者在新的视角下看待自己（Watzlawick *et al.*, 1974:94–95）。

有这样一个特殊的例子：一位有较严重口吃的人十分渴望成为一名成功的销售人员。传统的“解决问题”的模式是让他尝试减少口吃的频率。然而每当想要这样做的时候他都会觉得更紧张，口吃的频率反而增加了。MRI 鼓励这位来访者将自己的不足看作是自己的优势，是一种获得潜在客户注意力的方式。

> 他不同于语速极快、咄咄逼人的一般销售人员……甚至他被鼓励在工作中也保持高频率的口吃。出于他并不知道的原因，他开始感觉到有些放松，自然而然地口吃的频率越来越少。
>
> （*Watzlawick et al., 1974:94–95*）

MRI 为来访者提供最多 10 次咨询。如果来访者在前几次咨询中就获得明显的进步，他们可以把后面的次数“储存起来”，以便在将来需要时继续使用。他们的工作效果非常显著（Weakland *et al.*, 1974）。

4

焦点解决短程治疗的第三个来源：密尔沃基（Milwaukee）短程治疗中心和新方法的诞生

SFBT 的故事始于 MRI 的约翰·维克兰德（John Weakland）。他与前萨克斯演奏家、年轻的治疗师史蒂夫·德·沙泽尔（Steve de Shazer）成为了朋友，那时，德·沙泽尔住在帕洛阿尔托，并在 MRI 做了一些培训、训练工作。维克兰德将他引荐给另一位培训师——茵素·金·伯格（Insoo Kim Berg），两人结婚后，决定一起在德·沙泽尔的家乡密尔沃基建立一个短程治疗中心。随后，这对夫妇组建了一个团队，团队成员都是来自不同流派的有才华的治疗师和研究者。关于中心的名称，德·沙泽尔在某篇文章的脚注中（de Shazer，1989：227）提到："一半是'短程'治疗师，一半是'家庭'治疗师的团体，还能怎么称呼？"尽管他们初期的很多文章发表在家庭治疗期刊上，沙泽尔本人始终认为自己是一个*短程*治疗师，并且团队初期的工作与 MRI 的工作类似。后来，团队成员不断创新发展新的方法，并且对当时一切新的观念保持着开放的心态，例如唐·诺姆（Don Norum）的工作。他是密尔沃基的一名社工，1979 年时曾写了一篇名为《*The Family has the Solution*》（Norum，2000）的文章［被《*Family Process*》杂志拒绝］。

他们早期使用的方法主要面向识别问题行为的模式，并制定出能够影响来访者使之发生改变的任务。同时，他们也注意观察什么可以构成治疗的小目标，像前面提到的艾瑞克森的水晶球技术（在非催眠的情境下）被用来形成"没有抱怨的未来期待"（de Shazer，1985：84）。与家庭治疗中的循环提问技术类似，他们采用了"他人视角"（other person perspective）的提问方式，引导来访者从别人的角度看到他们自己行为的改变会如何影响到其他人，反之亦然。从他们在治疗中努力寻求与来访者合作的方式中，可以明显地看到艾瑞克森的痕迹，德·沙泽尔将来访者的阻抗看作是他独特的配合方式。1984年，他在文章《*The Death of Resistance*》（《论阻抗的消亡》——译者注）中首次对这个观点进行了完整论述。

在这篇文章中，德·沙泽尔论述了该团队提出的一项任务："在我们下一次见面之前，我希望你可以去观察一下，你的家庭中发生了哪些你希望继续发生的事情，下一次见面时你可以向我们描述"（de Shazer，1984）。另一些人（DeJong & Berg，2008）遇到一个家庭，在治疗时列举出了23个家庭中的问题，治疗团队不知道该从何下手，于是他们决定为这个家庭布置这个任务。结果，这个家庭很快汇报了很多他们注意到的事情，并且，其中有许多对他们来说是新鲜的，所以他们认为这是一个很大的进步，因此不需要再进行治疗。于是，这个团队也开始尝试将这个任务布置给其他的来访者，发现结果十分相似。因此，1984年，他们开展了一项名为"首次会谈公式"（First Session Formula Task，FSFT）的研究，要求咨询师为每个来访者布置这个任务。研究结果令人惊讶。最让人印象深刻的是，它打破了治疗任务的"规则"，也就是否定了任务必须要围绕客户特定的问题建构。相反，他们认为存在一个通用任务，无论客户的问题是什么。当德·沙泽尔和金·伯格首次在伦敦介绍SFBT的时候（1990年，由BRIEF组织），德·沙泽尔提到，整个焦点解决短程治疗的方法就是围绕这个任务而发展出来的。这直接导致了德·沙泽尔认为"规则的例外"就是来访者克服了问题的时刻，然而"这些例外经常由于我们的忽视而溜走，因为人们没有认为这些例外可以带来不同：这些不同或者太小，或者太慢"（de Shazer，1985：34）。他进一步解释，"首次会谈公式"在很多任务中是一把"万能钥匙"（在本书第59个关键点中有更详细的案例），可以打开任何问题的锁；无需每个问题找一把钥匙。

5

短程家庭治疗中心：第一阶段

在德・沙泽尔的第一本书《*Patterns of Brief Family Therapy*》（1982）中，他非常强调观察小组的作用，观察小组的工作是协助咨询师（代表小组进行咨询）组织一项合适的任务，与 MRI 的实践类似。后来德・沙泽尔逐渐意识到，咨询师的任务并不是单纯地收集信息供观察小组使用，访谈本身就具有治疗性。在他的第二本书里（de Shazer，1985），他提出，观察小组“有作用但并不是必要的”。

在这一阶段，其他一些技术也得到了发展，最著名的就是量尺的使用，0（或 1）到 10 的评分量尺使得来访者能够明确他们朝向目标进步的程度。德・沙泽尔将量尺问句（Scale Questions)的产生归功于他的来访者。起初，他认为量尺问句最适合用在对自己的问题不够清晰的来访者身上。早期 MRI 的实践强调咨询师需要清晰地了解来访者的问题，以及曾经做过哪些处理，因此不了解自己问题的来访者让这项工作变得十分困难，而借助量尺，来访者可以用数字来定义这些问题。

在《*Keys*》中，德・沙泽尔提到了 14 世纪的哲学家奥卡姆的威廉(William of Occam)，他曾经提出“如无必要，勿增实体”（1985）。这一原则被称为“奥卡姆剃刀”，它是寻找高效治疗的主要驱动力。

1982 ~ 1987 年，焦点解决模式处于初始阶段，主要基于寻找例外，并帮助来访者不断将其扩展。焦点解决实践在 1986 年因为在《*Family Process*》期刊上发表的一篇论文而正式公之于众，文章的题目叫作“Brief therapy：focused solution development”（de Shazer *et al.*， 1986），文章有意识地提到了另一篇关于传统

MRI 工作的论文——《Brief therapy：focused probtem resotution》，这篇文章于 12 年前发表在同一期刊上。

德·沙泽尔的团队开展了一个项目来探讨治疗前改变（Weiner–Davis *et al.*, 1987），他们发现，当要求来访者寻找第一次会谈之前的变化时，2/3 的来访者都报告说发生了一些改变。因此，他们了解到，很多来访者的改变过程在会谈开始前就已经发生了。因此咨询师的任务并非是使对方开始发生变化，而是协助来访者继续其改变的过程，扩大已经发生的改变。对此，德·沙泽尔引用佛教的思想，称之为“诸行无常”。

然而，社会学家盖尔·米勒（Gale Miller）通过多年对密尔沃基团队工作的观察，在《*Becoming Miracle Workers*》(1997) 一书中指出，这一阶段只是焦点解决治疗的初始阶段，严格说来这并不能算作真正意义上的焦点解决。他将其称为“生态系统短程治疗”，因为它的主要目标是找到病理性沟通的主要模式，并为来访家庭寻找合适的任务来打破这些模式。米勒认为，这一疗法开始转向真正的焦点解决是在“奇迹问句”出现之后，因为它使得来访者开始用一种新的方式谈论他们的生活。

6

短程家庭治疗中心：第二阶段

“假如某天晚上，发生了一个奇迹，使你今天来到这里的问题已经解决了，OK？这个奇迹发生的时候你已经睡着了，所以你不知道它发生了。（来访者：‘OK’）OK？那么第二天，你是怎么发现这个奇迹发生了的？会有哪些不同的事情告诉你发生了一个奇迹？”

（*de Shazer*，*1994*：*114*）

关于奇迹问句的起源有很多种说法。然而毫无疑问的是，早在20世纪80年代，茵素·金·伯格首次使用了这个问句，尽管在之后的很多年这个技术都没有受到重视，仅仅在1986年一篇不起眼的文献中有所提及。然而两年后，德·沙泽尔在他的著作《*Clues*》（1988）中提出，这个问句或许是焦点解决取向的支柱。

一开始，团队仅仅把这一问句当成一个帮助来访者确定治疗目标的工具。后来他们逐渐意识到，通过回应这个问句所获得的内容，比他们预想的更加丰富。来访者开始调动他们的想象力来描绘这些场景（与艾瑞克森的水晶球技术异曲同工），而且，他们并没有回应非常不现实的内容，这个问句可以让他们保持现实，甚至仅仅通过语言的描述，就可以让来访者体会到奇迹发生之后的情景。

通常，在询问了奇迹问句后，来访者的表现就好像正在经历奇迹发生后的那一天（尽管不是每一次都如此，随着咨询师经验的不断丰富会有所变化）。

> 来访者会将自己的描述与身体动作结合起来，就好像他们正在体验自己所描述的一切。
>
> （*de Shazer et al.*， *2007*）

因此，首次会谈的流程，是在询问来访者为什么来到这里之后，立刻让来访者假想发生了一个奇迹，这些问题得到了解决。然后，让来访者思考最近一次类似奇迹发生后的情况是什么样子，也被称为“一线奇迹”（pieces of the miracte)（de Shazer，2001）。然后，他们通过进步量尺来看到他们处在达成咨询目标的什么位置；因此这个量尺也被称为“奇迹量尺”（The Miracle Scale）（de Shazer *et al.*， 2007）。

这一治疗取向和几年前 MRI 的工作相比有了很大的发展。MRI 团队中，咨询师的任务是收集信息，观察小组根据这些信息来设计家庭作业任务。然而，在这个阶段，任务被缩减为仅仅让来访者注意到奇迹发生的时刻，或者干脆让来访者*假装*奇迹已经发生了！

7

当今的焦点解决短程治疗

1982 ~ 1994 年，也就是德·沙泽尔首部和最后一部独立著作发表期间，是短程治疗界飞速发展的一个阶段。那个时候，密尔沃基的 BFTC 团队实际上已经解散，德·沙泽尔花了大量的时间用于哲学理念的研究。而他的妻子茵素·金·伯格则继续在家庭治疗领域实践，开始写作她的书籍《Family Preservation》（1991），并与斯考特·米勒（Scott Miller）共同撰写了《*Working with the Problem Drinker*》（1992）。有趣的是，尽管他们没有继续发展这一治疗模型，他们仍然把这些方法用于来访者，例如他们通常会明确来访者的需求。因此，无论来访者带来的是什么样的问题，SFBT 都被认为是适用的，很多特定领域的专业工作者都渴望知道如何针对他们的来访者使用这一技术。随后的几年，茵素·金·伯格陆续撰写了一些关于儿童保护、药物滥用、儿童教养、教练等方面的书籍，直到去世前，她还在撰写一本学校教育领域相关的应用书籍（我们将其称为“WOWW”，参见第 78 个关键点）。她所为人称道的是将焦点解决工作带到咨询室之外，进入厨房里、大街上等等，这些地方是焦点解决工作的第一线。

近几年，业内主张将这一取向称作“焦点解决实践”，而不是焦点解决短程治疗，因为越来越多的非咨询师正在将它运用于其他领域，例如教练、导师、护理人员和社工等。并且，焦点解决也呈现出了不同的版本，通常取决于实践者更接近原始模式（1980 年左右 BFTC 的模式），还是采用新发展的模式（例如 BRIEF 机构的团队采用的模式）。因此，如今的焦点解决可以称作“焦点解决取向”。

我们认为 BRIEF 的工作是 BFTC 的延续，特别是应用德·沙泽尔所推崇的哲学观——奥卡姆剃刀原则（因此我们在会谈中用尽可能少的努力做有效的事情），同时我们需要不断从来访者的角度确认结果（Shennan & Iveson，2011）。我们对早期的焦点解决模式做了一些调整。例如，德·沙泽尔在去世前就已经注意到我们正在削弱奇迹问句在工作中的中心地位，并且很少布置家庭作业。他接受我们这样做的理由，并且也鼓励我们尝试颠覆传统的短程治疗。

BRIEF 成立于 1989 年，现已成为世界上最大的短程治疗和培训机构，有近 70000 名专业人士参加 BRIEF 的课程。随着时间的发展，SFBT 在英国已经成为人们普遍接受的疗法之一——2010 年，皇家精神科医师学院（Royal College of Psychological）进行的关于心理治疗的国家审计（National Audit of Psychological Therapies）中，将 SFBT 列为常用的心理治疗实践方法之一。很多英国作家撰写了关于这一疗法应用的书籍和文献。英国焦点解决实践协会（www.ukasfp.co.uk）于 2003 年成立。在北美、欧洲、澳大利亚和新西兰也有当地的协会。SFBT 在新加坡和日本也已被熟知，阿拉斯达尔·麦克唐纳（Alasdair Macdonald）和其他一些英国培训师也曾在中国进行培训。

8

哲学基础之一：建构论

奇迹问句后，来访者就变了一个人。

（*Steve de Shazer*，*1993*）

德·沙泽尔的这句话借用了建构主义的哲学观：现实是被发明而非被发现的；这意味着转变原有的客观主义观点（de Shazer，1991:46）。这个观点与精神健康诊断的观点完全相反。如今，很多医学心理学研究已经开始尝试去定义人们经受折磨的“条件”。这是基于结构主义的思维方式，认为存在一种客观的“现实”（例如，存在一种叫作“抑郁”的现实），可以被定义和治疗。然而，令后结构主义的实践者，例如焦点解决的工作者们感到担心的是，谈论抑郁会让抑郁更加具体化。随后这个抑郁就成为了既定的现实，就好像来访者的性别、肤色一样确定。盖尔·米勒认为，人们的谈论使自身陷入问题之中，而治疗就是“通过谈话把来访者从问题中带出来的过程”（Miller，1997:214）。

并不是说我们不去面对生活中的难题，问题非常实际并且常常会带来痛苦。然而……这些现实是建构出来的；问题并非独立于我们而客观地“在那里”，而是取决于我们如何协商现实。

（*Gergen*，*1999:170*）

9

哲学基础之二：维特根斯坦，语言和社会建构主义

路德维西·维特根斯坦（Ludwig Wittgenstein）的哲学思想是焦点解决的重要理论来源之一，他发展了“语言游戏”的概念，提出文字的不同意义取决于它所使用的语境以及使用的规则。“根据维特根斯坦的观点，我们对一个词的理解只能根据对方在交谈中如何使用它来进行判断”（de Shazer，1991：69）。关注问题的语言游戏，通常回应和关注那些被认为是永久存在的负面的、过去的语言；相反，聚焦解决方案的语言游戏，会更关注积极的、有希望的和聚焦未来的语言，认为问题是无常的（de Shazer *et al.*，2007:3）。“问题谈话”和“方案谈话”之间的区别在于，“问题谈话完全属于问题，与解决方案没有丝毫关系”（Berg and de Shazer，1993:8）。相反，“当来访者和咨询师越来越多地讨论他们想要构建的方案时，他们会开始相信那些他们正在谈论的事情是真实的。这样一来，语言自然而然产生了作用”（Berg and de Shazer 1993:9）。这一语言学理念引来了一些批判，包括认为它过于理性，没有足够重视个人的情绪。这种质疑与德·沙泽尔的观点相对，后者认为：情绪也是语言的一部分，因此不应阻止来访者谈论他们的情绪，并且，根据维特根斯坦的理念，“一个‘内在过程’需要外在的标准”（de Shazer，1991:74）。因此，焦点解决的谈话聚焦于行为。更深一步的批判包括，它没有足够重视来访者所处在的社会和政治情境。对此，德·沙泽尔反驳道，如果来访者没有提到外部的环境（例如糟糕的住房、种族歧视等），咨询师这样做则是将自己的政治倾向带进了咨询室（Miller & de Shazer，1998）。

SFBT 最主要的哲学立场是社会建构主义。“建构主义认为每个人根据自己的经验来建构世界……世界建构的过程是心理的过程；它发生‘在大脑中’。相反，社会建构论者认为，我们所看到的事实是社会关系的结果（Gergen，1999:236-237）”。这意味着我们建构世界时主要依据社会关系来对世界进行分类。这也解释了为何焦点解决治疗强调对来访者使用关系问句，询问与他人及与自己的关系。焦点解决治疗同时关注治疗关系的形成，确保与来访者保持合作的关系。咨询师并非进行评估和诊断的工作，来访者也并非寻求正确的建议或处方，来访者和咨询师共同针对来访者的未来进行工作。德·沙泽尔曾（与约翰·维克兰德）开玩笑说：“治疗就是两个人一起尝试找到其中一个人到底想要什么！”这需要咨询师接纳这样一种观点——咨询师是提出有用的问题的专家，但并不是来访者生活的专家。如果咨询师相信来访者最了解自己想要什么，那么只有来访者自己可以评判治疗的结果。“当来访者的评估表明治疗结束时，问题就已经解决了。这使得德·沙泽尔和实证主义者之间有了很大的分歧，后者并不相信来访者的反馈和评估可以作为信息的唯一来源。”（Walsh，2010:25）

最后，德·沙泽尔的后结构主义观点意味着，他反对用“理论”来解释治疗如何产生效果。相反，他以哲学为方法，“来描述而非解释”治疗过程（Simon and Nelson，2007:156）。正如他曾说的，如果被问到他的其他治疗方法，他只能描述他所看到的事情（而非给出一个关于它的理论），因此他强调，当谈论到来访者时，我们只应描述他所看到和听到的，而避免一切解释性的语言。德·沙泽尔继承了维特根斯坦的观点。

10

焦点解决短程治疗的基本假设

德·沙泽尔倾向于认为SFBT没有理论基础。然而，正如我们所看到的，哲学对它的影响非常强大 。可以肯定的是，焦点解决的实践者关于治疗及来访者有一些共同的假设。

（1）来访者一定对某些事情具有动机。来访者并不缺少动机，咨询师的工作则是找到这些动机的对象。

（2）咨询师的工作是找到每个来访者独特的合作方式，并想办法配合他们的这种合作方式。“阻抗”的观点会阻碍咨询师与来访者发展一段合作的关系。

（3）尝试理解问题的原因并非是必要的，尤其对寻找解决方案并没有直接的作用。有时，讨论问题对于来访者亦无益处。

（4）成功的咨询在于能够明确来访者究竟想通过咨询得到什么。一旦这个目标确立，治疗工作就变为找出一种最快实现目标的方式。

（5）无论问题模式多么顽固，来访者总有按照解决方案行动的时候，最“合算”（economical）的方法就是帮助来访者找到“哪些是有效的”。

（6）问题并不代表背后的病理。它们只是来访者不想做的事情。在很多个案中，来访者最有权决定问题什么时候得到解决。

（7）有时候，着手问题解决仅仅需要一个很小的改变。*不必总是看到与这个问题有牵涉的每一个人*；甚至不需要看到说自己有问题的人。

德·沙泽尔将上面几点总结为三大原则，他认为这三个原则“形成了高效治疗的哲学根基”（de Shazer，1989：93）：

（1）不破不补；

（2）有用就多做一些；

（3）无效则试试别的。

在德·沙泽尔参与撰写的最后一本书中，他又补充了一些“基本信念”（de Shazer *et al.*，2007：2 ~ 3）：

（1）小改变会带来大变化；

（2）解决方案与问题并不一定直接相关；

（3）形成解决方案的语言与描述问题的语言有所不同；

（4）问题不是每时每刻都在发生，一定存在可以使用的例外（*Exception*）；

（5）未来可以被创造和协商。

11

咨询师与来访者的关系

在《*Clues*》（1988）这本书里，德·沙泽尔引用了 MRI 的分类方法，将咨访关系分为三种：消费者、抱怨者和参观者。这与“抱怨者从一开始就影响了治疗对话”（1988:88）的观点类似。“有时，人们并没有什么想要抱怨的事情，他们来找咨询师仅仅是因为有人要他们来或带他们来”（1988:87）。将他们描述为参观者，意味着我们需要像对待一个参观者一样对待他们，不给他们强加任何治疗或任务；相反，德·沙泽尔建议应该保持赞美，陪在他们身边，寻找那些有效的事情，而非找无效的事情。“抱怨者”意识到他们存在问题，但没有意愿去做任何事来改变它。对待他们的方式与参观者相似。只有当来访者自己想要对他们的问题做一些事情的时候，治疗关系才可以成为消费者的关系。

1991 年，德·沙泽尔的观点发生了改变。那一年，BRIEF 邀请德·沙泽尔和茵素·金·伯格关于“非自愿个案”做了一次报告。在这次活动中，德·沙泽尔表示，并不存在所谓的“非自愿个案”：每个人都是某件事情的消费者，就算这件事是想摆脱某人的纠缠。他认为，几年前对来访者的划分是一个误导，使焦点解决实践者认为必须要评估来访者的动机。然而，如果我们能够足够重视来访者究竟期待通过会谈获得什么，就算没有必要进行后续会谈，也已经为建立一个合作式工作关系打下了基础。SFBT 的核心就是根据来访者的需求进行合作。

下面的案例中，咨询师相信来访者一定有一个“很好的理由”来到咨询室（某高中的咨询室）。咨询师将他的假设隐藏在每一句提问中，最终这个假设也在来访者的回应中体现出来。

咨询师：杰西卡，你最希望通过这次谈话获得什么？

杰西卡：我不知道，说实话我没想那么多。

咨询师：那么现在想一想，通过我们这次谈话你最期待哪些事情？

杰西卡：没什么期待。

咨询师：如果这次谈话对你很有用的话，你希望它能带来什么呢？

杰西卡：我不觉得它会有用。这些谈话从来都没用。

咨询师：好吧，所以你认为我们的谈话并不是一个好办法？

杰西卡：不是。

咨询师：但你还是来了，这是为什么呢？

杰西卡：我没得选，他们让我必须来。

咨询师：这一定很难，因为我觉得你是个很有主见的人，你希望自己做决定，是这样吗？

杰西卡：有时候是。

咨询师：那你是怎样做出决定配合他们来到这里的呢？

杰西卡：我说了，我没得选。

咨询师：我无法想象你一直都听从他们的要求。

杰西卡：我不会。

咨询师：那这一次为什么你听从了他们的要求呢？

杰西卡：我要是不听，他们就会开除我。

咨询师：嗯，所以，如果可能的话，你需要想办法不被开除，至少是暂时的，是吗？

杰西卡：是的。

咨询师：所以如果这次谈话某种程度上帮助你找到一种不被开除的方法，对你和对学校都是可行的，这样谈话就是有用的，对吗？

杰西卡：我想是吧。

咨询师：好，我可以问你一些问题吗？

杰西卡：问吧。

杰西卡究竟是否真的有一个很好的理由（或是动机）来进行会谈，或者说她的“动机”是否是在对话过程中建构出来的，我们很难确定。无论是哪种情况，*咨询师对动机的假设都是他进行提问必要的素材*。

基于这一点，对治疗关系有如下假设。

（1）“问题”是来访者想要改变的事情。当来访者谈论他们的问题时，咨询师需要寻找并确认这些问题确实给来访者带来了困难，并证实他们的感受。然而，如果咨询师假定，问题背后会有潜在的意义，则咨询师的专业知识会主导整个会谈，以来访者的叙述为中心将变得极为困难。

（2）焦点解决取向咨询师的目标都是由来访者制定的。咨询师需要在法律允许的范围内寻找和建立来访者想要实现的目标。

（3）咨询师的会谈方向是来访者的目标。咨询师需要相信，来访者知道什么时候咨询结束以及知道咨询是否是有用的。来访者具有解决问题的资源、技能和优势，或许他们自己还没发现，咨询师的工作就是问自己如何与来访者谈话能够让他们注意到这些能力。

（4）咨询师不应尝试告诉来访者应该做些什么来解决他们的问题。这是咨询师与来访者共同的工作，通过会谈形成来访者独特的解决方案，并在澄清什么是正确的事情时为来访者特有的价值观、信念和文化背景留有一定的空间。

（5）无论来访者做什么，我们都认为这是他们最好的协助治疗的方式。一旦咨询师认为来访者表现出了“阻抗”，就表明咨询师还没有做到努力倾听来访者，或者需要做一些不同的事情。在焦点解决短程治疗中，无论来访者如何回应，都没有“错误”的答案。

（6）咨询师的专业性体现在与来访者沟通并思考来访者是如何寻找解决方案的。咨询师基于来访者的回应来建构提问， 通常可以将来访者刚刚说过的内容引用到新的提问中，这样可以帮助来访者进一步自我探索。在这种情况下，来访者与自己的关系比来访者与咨询师的关系要更加重要。

12

焦点解决短程治疗的有效性

焦点解决这个相对较新的方法，其有效性的实证研究的数量正在飞速增长。在本书撰写的时候，阿拉斯达尔·麦克唐纳（Alasdair Macdonald）（2011）列举了97项相关研究，2项元研究，17项随机控制试验，充分说明焦点解决治疗的有效性。34项比较研究中，26项的结果更倾向于焦点解决治疗方法。麦克唐纳研究了4000个案例的有效性数据，其中60%以上的成功个案会谈次数在3～5次。研究领域涉及治疗和咨询，包括侵犯、药物滥用（Lindforss & Magnusson，1997）、家庭暴力（Lee et al.，1997）、团体和夫妻辅导（Zimmerman *et al.*，1996,1997）、老年咨询（Seidel & Hedley，2008）、残疾（Cockburn *et al.*，1997）、精神疾病（Eakes *et al.*，1997；Perkins，2006）、儿童（Lee，1997）与教育等（Littrell *et al.*，1995；Franklin *et al.*，2008）。这些研究中没有一项显示出明确的排除条件，说明焦点解决取向的应用领域十分广泛。人口学差异并未将一些潜在的来访者排除在外，问题的性质对研究结果的影响并不显著，并非所有的研究都表现出长期效果的差异，尽管麦克唐纳的研究（Macdonald，1997，2005）在预期的方向上的确显示出差异。

现阶段的研究表明，在非常广泛的应用领域中都体现出治疗的有效性。这也使得专业工作者可以尝试将SFBT用于各种治疗场景。贝耶巴赫（Beyebach）在萨拉曼卡（Salamanca）的工作（Herrero de Vega，2006）也体现出了焦点解决的一个核心原则——“如果没用，就试试别的”，他主张如果在3次会谈后还没有改进，那就意味着要么改变治疗方法，要么更换咨询师。

关于治疗效果的持久性，伊丝贝特（Isebaert）的研究最有说服力（de Shazer & Isebaert，2003）。他在比利时布鲁日（Bruges）的 St.Jean 医院从事酒精滥用领域的工作，对门诊、留院观察和住院治疗病人采用 SFBT 的干预方式，研究表明，在 4 年内，研究样本中近 50% 的人饮酒行为有所节制，其中 25% 的人可以控制饮酒量。这一研究结果挑战了普遍认为短程治疗只有短期效果的观点 。

13

短程究竟多“短”

焦点解决短程治疗经过多年在不同领域中的实践，已经形成了一些固定的模式，例如在学校、医院以及员工帮助计划（EAP）领域的工作等。焦点解决短程治疗的次数在4～6次左右，通常不超过8次。焦点解决团体治疗的次数也比较有限，曾有人尝试过使用单次会谈进行工作。然而，传统的焦点解决短程治疗指的是“高效”，而不是时间上的“短程”。“高效”的概念在早期定义为“不超过实际需求的次数”（这是德·沙泽尔在1990年BRIEF组织的活动报告中提出的）。焦点解决短程咨询建立在客户确认的短程的基础上。因此，焦点解决短程治疗的“短程”是由来访者决定的，因为治疗进行到哪里也由来访者决定。有趣的是，尽管来访者可以自主决定是否要进行更多次会谈，焦点解决治疗的平均次数仍然低于其他所谓的“短程”治疗方法。麦克唐纳在他的研究中指出，焦点解决的平均干预次数在3～5次。BRIEF的来访者的咨询次数平均不超过4次，并且最近这个数字呈下降趋势。

为了解释这个明显的悖论——开放性带来了更短程的干预，我们提出以下几个焦点解决治疗的关键假设：

（1）不需要初始评估的阶段，与来访者的会谈可以即刻开始。

（2）治疗的任务并非是开始一个改变的过程，而是强调改变已经发生的事实——很多治疗工作在第一次会谈前就已经完成了，只是来访者可能没有注意到。

（3）来访者自身具备解决方案的模式和问题的模式，改变是基于让来访者做更多已经在做的事情。

（4）无论来访者做什么，都是他当下所能做的最好的事情，因此咨询师的工作就是与来访者合作。这种思路可以使咨询师避免花费时间（和金钱）对抗来访者的阻抗。

（5）干预是基于来访者对咨询最渴望的结果而进行的，因此要紧跟来访者的动机和想法。

（6）要把每一次会谈当作最后一次来看待。

（7）焦点解决治疗方法起源于系统性的世界，它相信“系统或关系中一个元素的改变可能会影响到组成系统的其他元素和关系”，由于连锁反应，“系统中一小部分的改变会引起整个系统的变化”。

（8）焦点解决咨询两次会谈之间的间隔较长，给来访者足够的时间来做些不一样的事。因此4次咨询可能会用10周左右的时间。

（9）焦点解决实践者相信，与同咨询师谈话相比，绝大多数来访者有更好的花费时间的方式，因此简短的治疗干预可以让沮丧中的来访者重新找到自己的资源，重新回到生活中。

焦点解决短程治疗的这些假设使其治疗工作变得十分高效省时。

14

焦点解决会谈的流程

焦点解决短程治疗初次会谈通常遵循一定的模式，构建来访者所希望的结果，引导来访者描述这个结果看起来是什么样子，并寻找那些已经存在的例子。这三方面的内容可以通过以下三个核心问句反映出来，之后，所有的焦点解决问句都建立在这三个问句的基础之上：

（1）你最希望在我们的会谈之后有哪些收获？

（2）如果你的这些希望都实现了，你的生活会有哪些不同？

（3）有哪些已经发生的事情，可以促使你的希望成真？

焦点解决短程咨询师可以以这三个问句为框架进行一次成功的短程治疗。

不同的咨询师在第二个问句和第三个问句的使用顺序上可能有自己的偏好，然而一切会谈都从第一个问句开始，因为在不知终点的情况下我们很难将谈话引导至正确的方向。一旦来访者确认了他所期望的结果，咨询师可以先打基础，也就是寻找有哪些事情已经在朝希望的方向发展了。也可以首先让来访者描述他想要的未来，然后从未来回望过去 。有时，在第一次会谈前来访者已经有了一些进步。曾有一位绝望的母亲带她的孩子来咨询，告诉咨询师她的儿子有了明显的改善。于是咨询师询问儿子母亲的话是什么意思。30 分钟之后，咨询师列出了 40 项这个男孩已经有的改善。整个咨询就这样结束了，而这一切都是来访者自己的功劳。

接下来，我们将详述焦点解决实践工作的细节。我们将根据我们在 BRIEF 工作的理念和经验来进行解读，并使用一些我们自己工作中的案例。以下是焦点解决工作流程的一个简单综述。它并不是咨询师必须遵守的“规则”，而仅仅是一个参考。

第一次会谈：

（1）*开场*。很多流派的咨询师在会谈开始前都会先对来访者进行一些简单的了解。在焦点解决中，我们将这个过程称为“不涉及问题的谈话”，例如指出对方一些有意思的事情，而非谈论他的问题。这一步可以有选择地进行。

（2）*达成合约*。SFBT 是一种以来访者为中心的疗法，因此咨询师需要了解来访者想通过会谈实现什么目标，这在焦点解决治疗中十分关键。“你最希望在我们的会谈之后有哪些收获？”这个问句是由 BRIEF 发展出来的（George *et al*，1999：13）。

（3）*描述期待的未来*。一旦明确了来访者通过会谈想要实现的目标，下一步可以引导他描述如何知道他最期待的事情已经实现了。“假如你今晚实现了你最想要的目标，明天你会做些什么呢？”我们称之为“明天问句”，这是 BRIEF 最常用的问句。

（4）*识别已经发生的成功的例子*。一旦来访者描述出了他们期待的未来的细节，咨询师就可以寻找这些在来访者的未来生活中已经发生过的迹象，无论是在当下还是过去。量尺问句（Scaling Questions）通常用于来访者评估自己的进步，10 分代表他们期待的未来已经实现。假设来访者的分数在 0 分以上，就可以让他们描述他们已经做了哪些有效的事情，同时明确未来进步的迹象是什么。

（5）*结束*。在会谈结束之前，咨询师可以进行一次简短的暂停，反思刚刚来访者认为有用的地方。接下来，咨询师对本次会谈进行总结，认可来访者所做的努力，并对他们期待的未来表示欣赏，同时指出有哪些已经成功的经验。这样做的目的是让来访者确信他们所说的内容可以帮助他们进步。

后续会谈

在第二次或接下来几次会谈中，我们会紧跟来访者取得的进步，因此开场问题通常是：从上一次会谈到现在有哪些改善？

在这里，咨询师可以从前面流程中的第四步直接开始会谈。因为通常在后续会谈中不需要再一次挖掘来访者“最期望的收获”或“期待的未来”。咨询师通常可以再一次使用量尺明确来访者已经获得的进步，并寻找放大和巩固进步的方法。如果来访者反馈说没有进步，或事情变得更糟了，咨询师有很多种选择，例如使用应对问句或寻找例外等。

100 KEY POINTS

焦点解决短程治疗：100 个关键点与技巧

Solution Focused Brief Therapy:
100 Key Points & Techniques

Part 2

第二部分

焦点解决会谈的特点

15

治疗式对话

治疗是一种对话形式，然而这种对话朝向一个目标，而不仅仅是享受对话过程。在 SFBT 中，来访者总是会明确治疗的目标，因此对话会朝着这个方向进行。完全理解对话过程并非本书的重点，而以下两个规则可以帮助我们理解对话的概念：

（1）轮流发言。

（2）每一次话轮转换都要接着上一轮的内容进行。

轮流发言可以保证每个人都有说话的机会，并参与到形成和定义世界的过程中。这个规则通常在被打破时才会有人注意到它。例如，打断。如果经常有人抢我们的话头，或者因为别的原因我们无法发出自己的声音，我们会觉得被排斥或被忽视。很多来访者或被剥夺权利的个体或团体都曾深有体会。让每个人都有说话的机会是最重要的平等，至少在咨询室中，咨询师和来访者双方能够有一种约束来保证彼此轮流讲话。

第二点对于治疗的创造性和有效性来讲十分必要。如果遵循这两个规则来进行对话，则会帮助我们“共同创造”一种不断发展的世界观。咨询师的任务是通过仔细地选择提问来影响来访者。

16

选择下一个问题

在日常对话中，我们很少会注意到自己在对话中有哪些贡献。如果我们时刻关注这一点，那么我们的对话听起来可能会很假，或很不自然。专业的对话却有所不同，我们所提出的问题需要遵循对来访者有用，或是对当前的任务十分关键的原则。在我们倾听来访者的时候，我们需要形成下一个问题，而这个问题需要基于来访者刚刚说过的内容，并以一种有创造性及对来访者有用的方式呈现。当来访者回答了很多内容时，我们并不总是能很容易地选择回应的方式。例如来访者对“你最希望在我们的咨询之后有哪些收获？”这一问题的回应：

> 我不太确定。我人生的大部分时间都是在抑郁中度过的，就像我母亲一样。有那么几天我完全放弃了，就只是整天躺在床上。我的丈夫说他忍无可忍了，很多天晚上他都泡在酒吧里。我觉得我大概希望能感觉好一些吧。

我们不可能回应这段对话中的每一个内容，因此必须做一个选择。咨询师的理论模式会决定他做什么样的选择：因果模式会寻找问题的原因；历史模式会关注母亲的抑郁；系统模式可能会关心婚姻关系并寻找与抑郁之间的关联；认知疗法可能会优先探寻关于“放弃”的想法。焦点解决短程治疗师则关注来访者对问题的回答：“你最希望我们的会谈*之后*有哪些收获？”。来访者对于那些问题的描述可能会影响下一个问题的基调，但下一个问题一定会围绕“感觉好一些”这个愿望。比如说，

“你感觉好一些之后可能出现的第一个迹象是什么？”

有人说，在 SFBT 中最常用的问题是“还有什么？”很多培训师会开玩笑说“当不知道该做什么时，问一问‘还有什么’！”的确，这个问句是引导来访者扩充描述的最简单的方式。例如，如果上述案例中的来访者的回答是：“我会更经常出门。”咨询师询问：“还有什么？”来访者可能会回答：“我会给一个好久没联系的朋友打个电话。”然而，咨询师也可以问：“你会去哪里？”然后接下来的几分钟将关注点聚焦于她想去哪里，会遇到谁，这样做会为她带来什么不同等等。然后询问：“还有什么会让你正在感觉好一些？”这些问题与“还有什么”之间的区别［基于汤（Tohn）和欧施拉格（Oshlag）1997 年提出的观点］被称为“扩充与细节化”（Broadening and detailing）[1]。这两种技术都被用在焦点解决会谈中。（详见第 41 个关键点。）

因此，本书可以看作是关于如何选择下一个问题的体系。

[1] 感谢盖·申曼（Guy Shennan）对汤（Tohn）和欧施拉格（Oshlag）初始描述的重新措辞。

17

认可与可能性

关于跟随来访者的重要性怎么强调也不为过，尤其是未来导向的治疗模式。焦点解决并不是恐惧谈论问题。了解来访者的处境与探索他们可能想要到达的未来同样重要（O’Hanlon & Beadle，1996）。任何治疗都需要咨询师仔细倾听来访者选择说出的任何内容。而咨询师如何回应，则取决于他选择什么样的取向。咨询师会从来访者的回答中选择任意内容作为形成下一个问题的元素。例如，以过去的原因为导向的咨询，就会询问来访者问题的起因："这一定很困难，它是什么时候开始的？"优势取向的咨询师可能会问："这一定很困难，你是如何做到应对它的？"在这两个例子中，来访者都会觉得自己得到了认可，然而后一种回应中隐藏着更多的可能性。这里看似矛盾的一点是，在焦点解决的工作中，问题越严重、越复杂，人们应对它时所做的努力也就越强大。认识到生存的力量，例如坚持不懈、坚定不移等，可以打开未来的可能性："如果所有这些挣扎最后都有所收获，最终你成功扭转了局面，你觉得你注意到的第一个迹象可能会是什么？"

接下来的这个例子是一个5岁的男孩，亚伯，他面临被学校永久开除。他的母亲因为严重的硬化症而残疾，病重的时候需要坐轮椅。她的病预后很糟糕。我们的工作是从亚伯的老师布朗女士开始的，亚伯的母亲拒绝参与。布朗女士感到十分担忧，部分是因为亚伯严重的行为问题，更多是因为她感到自己的能力受到了挑战。在一段很长的描述后，咨询师认可了布朗女士的坚韧，并问她是如何做到在亚伯分散了她很多注意力的情况下，仍然能够教好整个班级的。她说这非常困难，因为整个班级都为此忍受了很多，所以在考虑开除亚伯。然而开除之前必须要进行咨询。咨询师决定进一步建构，于是询问布朗女士认为亚伯身上有什么样的特点，让她觉得咨询可能是有希望的。她说，当亚伯唱歌的时候，他就像一个小天使，她可以看到在那些行为背后，他其实是一个很可爱的男孩。

认可了布朗女士的难处，认识到她的能力，并找到咨询的一丝希望之后，咨询师继续询问布朗女士如何才能知道咨询产生了积极的效果。她说，从亚伯走进教室的那一刻她就会知道。她描述了一个令人激动的场景：亚伯像所有英国幼儿学校的学生一样参加晨间仪式，安静地坐在垫子上，当老师点到他的名字时好好回答，然后安静地排队进入会场。

两天以后，咨询师会见了亚伯和他的母亲格洛丽亚 。妈妈甚至比布朗女士还要担忧，她认为自己的病和即将面临死亡的现实是造成亚伯行为问题的原因，她担心被学校开除将会使她的儿子失去受教育的机会，从而荒废了一生。她对学校很愤怒，发誓要坚决斗争到底。咨询师对此进行了询问，她回答道，她一直以来都是一个斗争者，因为她必须要这样做。她甚至在和轮椅斗争，因为她想做一个“正常的”母亲。“如果这个斗争最终取得了成功，你如何能够知道这个斗争是值得的呢？”这个问题引出了关于力量和决心的可能性，格洛丽亚回答：“他从学校回来的时候会很开心。”在焦点解决的对话中，描述亚伯开心的行为能够强化这种可能性。亚伯也希望在学校里感到开心。他喜欢布朗女士，也希望表现好一点，因为她对自己很好。咨询师问他是否知道怎样表现好。亚伯点点头，咨询师鼓励他描述出好的表现，并尝试表演一下“好的表现”。在妈妈和咨询师的陪伴下，他坐在垫子上，安静地、长时间地等待，然后丝毫没有烦躁地排着队，在咨询室里领着队伍来回走，一句话也没有说。

有趣的是，亚伯的行为在咨询师和布朗女士会谈后的第二天就已经有了改变，那个时候亚伯和母亲还没有和咨询师谈话。看起来布朗女士已经开始扭转了局面。

18

赞美

SFBT 初期的一个特点是：在会谈结束时，要给来访者一些正向的反馈。这是一个规范的、缜密思考过的程序。“不走心”的或是同情式的反馈虽然对来访者没有什么伤害，但它却破坏了咨询师的可信度。因此，赞美需要具备某些特征。赞美是诚恳的，基于一定的事实依据。如果来访者询问赞美的依据，咨询师应该能够指出来访者所描述的内容中非常具体的行为。赞美要和来访者前来咨询的目标相关，并且要基于来访者已经实现的事情，最好与他们的努力相结合。同时，给予赞美的方式也得是来访者愿意接受的。赞美不能用来劝说来访者接纳咨询师的观点，有时我们会误以为咨询师需要“指出积极的方面”。例如，来访者可能会说他缺乏自信，但又表现得自信满满。咨询师这时不能够回答“通过你在这里的表现，我觉得你很有自信”。相反，他可以说：“你是如何做到在感觉没有自信的情况下，仍然能表现得很有自信的？”

最后，赞美一定不能有任何附加条件；它是无条件的，不能用来强迫来访者表现出咨询师想要看到的行为。典型的有条件的赞美例如：“这一次的作业完成得非常好！继续保持。”这样的赞美很难被来访者认真对待，很明显，这是来自给予者角度的称赞。

随着经验的积累，焦点解决咨询师会将赞美建构到问题当中：“当你面对当前如此多的困难时，你是怎样做到很好地完成作业的？”这样询问既做到了认可，也做到了赞美。而新手焦点解决实践者可以坚持在会谈结束前给出赞美式的反馈，因为这样可以促使他们在会谈过程中留意倾听。如果在咨询结束前一定要给出赞美，那么咨询师必须要在咨询过程中注意倾听优势和成就。这样可以帮助咨询师将咨询过程保持在焦点解决的轨道上。

19

决定在咨询中见到谁

在第 13 个关键点中我们谈到，SFBT 最初是从家庭治疗领域发展出来的，因此系统理论扮演着重要的角色。这一理论与焦点解决的联系在于这样一种假设——无论是家庭系统、团队、朋友还是组织，一个部分的改变会引起系统内其他部分的改变。德·沙泽尔的早期研究证实了这种改变的连锁反应，即那些在治疗中并没有谈到的问题和关系，仍然会受到治疗过程的影响，产生积极的变化（de Shazer，1985：147–154）。BRIEF 的研究（Shennan & Iveson，2011）支持了这个观点，认为系统中谁前来咨询对结果并没有显著的影响。同等比例的来访者也反馈，是否发生改变与谁参与咨询过程并无关联。甚至“被认为有问题”的人亲自参加咨询都并非必要之举。

如果谁来进行咨询对结果没有影响，咨询师也就不知道该如何给出建议，因此，如果一位来访者被转介并想要知道应该由谁陪同前往接受咨询，焦点解决咨询师很可能会询问来访者自己的想法，因为来访者最清楚当前的状况。咨询师可能会说：

> 老实说，我并不是很了解你们的情况，所以无法给出建议，我只知道有些人喜欢独自进行咨询，有些人喜欢全家一起来参与，有些人很希望参与，但是没有办法请假等，所以我会相信你的判断。你可以想一想，然后决定谁应该来，我们就从你的选择开始。之后任何时间我们都可以尝试不同的方法。

来访者通常很喜欢有机会做一个非正式的决定，并且这也会让咨询不干扰正常的生活和学习。同时，咨询师也没有假定任何人因为负面的原因而不来参加咨询；无论谁来参加咨询，都是正确的，没有来的人，一定有其他需要做的事情。

100 KEY POINTS

焦点解决短程治疗：100 个关键点与技巧

Solution Focused Brief Therapy:
100 Key Points & Techniques

Part 3

第三部分

开始咨询

20

“远离问题”的谈话

“远离问题”的谈话有三个简单的目的：

（1）能够让咨询师在会谈开始的几分钟内，看到来访者这个“人”，而不是他的“问题”。

（2）允许咨询师“选择”自己将要和什么样的来访者进行工作。

（3）它始于“收集资源”的过程，可以为来访者和咨询师做好准备，去解决咨询过程中的任何问题。

这个实践过程需要咨询师花几分钟的时间询问来访者生活中的任何与问题无关的内容。可以从“和我说说你自己”“路程远吗？”“你从事什么工作？”（“你平时都做些什么”是德·沙泽尔最喜欢的问题）等或是任何来访者感兴趣的问题开始。随着会谈的继续，来访者会以一个人的姿态进入咨询师的视线，而不仅仅是“问题的集合”。

在接下来的案例中，亚丝明·阿杰马勒（Yasmin Ajmal），原BRIEF的同事，和她的来访者罗伯特（Robert）进行会谈。罗伯特刚满9岁，由学校转介给她。

咨询师：你今天在学校都学了什么？

罗伯特：（很激动地）科学。

咨询师：你喜欢科学？

罗伯特：是的。

咨询师：给我讲讲你在科学课上都做了些什么？

罗伯特：我们学习了电。

咨询师：你学到了什么呢？

罗伯特：碰到电会让人休克。

咨询师：哦。

罗伯特：还有，电线外面要裹上一圈橡胶，这样人们就不会被电到。我们还做了自己的电路。

咨询师：给我讲一讲——是用电线做的电路吗？

罗伯特：是的，用电线，还有灯泡和发动机。

咨询师：听起来很有意思。

罗伯特：我有一个盒子，做了轮子和灯，两个灯，一个发动机，把盒子做成车的形状。

咨询师：真的啊！

罗伯特：是的，然后我装了四个发动机。

咨询师：四个发动机的车！为什么放四个？是想让它跑得更快吗？

罗伯特：这样它会动力更大。

咨询师：我明白了。

罗伯特：我打开开关，灯就亮了，然后车子往前跑。

咨询师：真的！它跑得快吗？

罗伯特：快。我都抓不住！

咨询师：为什么？因为太快了？

罗伯特：是的。它从桌子上掉下去，掉到一个水桶里，摔坏了。

咨询师：哦，天哪！

罗伯特：不过我不在乎。

咨询师：哦，你不在乎，为什么？

罗伯特：因为我知道我可以再做一个。

这个对话过程持续了不到3分钟，咨询师眼中的来访者已经成为了一个热情、自信、慷慨并且具有社交技能的男孩。他很礼貌、配合、幽默、善于表达，并且极为可爱，是一个老师们在课堂上会很喜欢、家长们会很希望自己的孩子和他一起玩的男孩。这是亚丝明“选择”要一起进行会谈的男孩，而不是那个将他转介过来的人所描述的即将被开除的男孩。接下来的会谈一共持续了4次，亚丝明“抱持”着罗伯特的能力，他们一起合作，共同寻找罗伯特独特的方式去开始一段成功的校园生活。

与焦点解决的全过程类似，“远离问题”的谈话采用的是我们天生就会的普通谈话方式。如果当我们在社交环境中遇见一个陌生人时，我们立刻开始询问他们都有什么问题，那么人类的社交活动或许早就不存在了。通常，我们开始社交的谈话会从寻找共同点开始，然后发现对方身上我们所欣赏的优点。焦点解决咨询师将这个常见的社交活动发展成为治疗工具。

21

识别资源

BRIEF 课程的第一部分是连续的两小时晚间课程，第一次课的主题是“远离问题”的谈话和寻找（并命名）资源。在两周后的第二次课程上，通常会收到惊人的反馈。很多学员报告来访者有很大的改变，在两个案例中，来访者很快找到了问题的解决方案。而咨询师所做的仅仅是进行了“远离问题”的谈话，并且无论来访者说什么，他们都注意寻找来访者的资源。

通过分析这些变化可以看出，由于咨询师或多或少在聚焦来访者资源上花了时间，来访者变得更加开放了。这无形中为会谈带来了一些变化，最终带来了比预期中更快的改变。

尽管“优势取向”的治疗越来越普遍，很多咨询师仍然对指出来访者的资源有所顾忌，认为这种方式太过于乐观，好像看到来访者的优势就会在某种程度上妨碍咨询师看清问题。这就好像会计人员不去看公司有多少资产，以防公司忘记他们的债务。这样的会计会被公司开除。凡是能够产生效果的治疗方式，最终都是有效的，由于来访者一直在用不同的方式寻找自己的资源，咨询过程并没有改变来访者，它让来访者发现自己的资源，利用这些资源来让自己产生改变。发现并注意到来访者的资源是焦点解决实践非常关键的元素。

莱德尔接受心理咨询已经超过 2 年。尽管只是一个月一次咨询，但会谈早已陷入了一种重复的模式，不知道什么时候可以结束。她的咨询师感到非常沮丧（不用说，莱德尔也是如此），他发现自己对莱德尔来访很恐惧。焦点解决实践中，针对这样的情况有一个自我督导的过程，当咨询师对来访者感到失去希望时，可以进行一次"资源审查"。在下一次会谈前15分钟，咨询师列一个表格，写出莱德尔人生中的成就，别的不多说，她至少利用自己的智慧在大屠杀（Holocaust）中幸存下来。他注意到，莱德尔有很多的资源：足智多谋、果断、坚持、幽默感、韧性、慷慨、热情、诚实、有能力完成困难的工作。15分钟后，这个他重新描述过的莱德尔来到咨询室，而这一次会谈竟成为了他们的倒数第二次会谈。有时，如果我们不花时间来识别并命名来访者的资源，我们便无法看到它们，这对来访者而言是非常不幸的。莱德尔很幸运，她宣称她治愈了从逃脱战争以来一直困扰着她的抑郁。

22

带着建构的耳朵倾听：来访者能做什么，而不是不能做什么

带着建构的耳朵倾听，要求咨询师转换治疗式倾听的习惯（Lipchik，1986），至少是基于心理学理论的治疗式倾听。这些理论提供了人类行为的解释：它告诉我们人类是如何运行的，以便我们理解究竟发生了什么。然而我们常常忘记，这些理论仅仅是一种隐喻，它来自物质世界，从弗洛伊德精神分析的劳斯莱斯引擎，到巴甫洛夫行为主义的铃铛和狗带皆是这样，目前已有超过 400 种心理治疗流派，然而没有任何一种流派可以代表客观真理，它们只是一种看待人类行为的方式。这些理论通常需要我们去调查真相，以便对问题进行评估，并决定如何采取恰当的治疗方式。为了做到这一点，我们需要去倾听关于问题的信息，并围绕这些内容来提问："它是什么时候发生的？""你的父母关系如何？""你是否经常被这类人吸引？"尽管不同的心理学理论会导向不同的提问方式，大多数仍是以"追本溯源"的方式寻找究竟哪里出了问题。这些都不是建构性的问题，不能作为开创新的可能性的基石。

建构式倾听并不代表不去关注来访者的问题。SFBT 与其他流派一样，都是从来访者的角度入手，而不是从咨询师希望他们开始的角度。它不需要来访者重新讲述他们的故事，也不需要咨询师去寻找问题故事的信息。相反，问题被用来重新定义一个人的成就。前面提到过，问题越严重，来访者应对它时所作出的努力就越大。接下来这个提问的方式既（间接地）认可了问题，也直接地好奇来访者的优势和资源："在过去的几天里你一直感觉很低落，并且使用公共交通对你而言也非常困难，你是如何做到遵守约定来到这里进行咨询的呢？"

> 格拉迪斯最近刚刚从精神科出院，她回到家，发现水管爆裂，需要几个维修工全天候修理。她曾由于服药过量被送进医院，她的故事开始于怀疑自己是否应该被送进医院，一直讲到某天夜里 2 点钟，维修工人完成了工作，她忘记感谢他们，于是追出去朝他们喊："小伙子们，谢谢！你们是最棒的！"说到这里她笑了，然后说："天知道邻居们听到了会怎么想？"

咨询师询问，在如此低落、甚至有健康危险的情况下，她是如何保持这样的幽默感的。"人必须要笑对人生，不是吗？" 格拉迪斯回答。咨询师说，并不是所有人都能够在这样困难的情况下仍然保持幽默感。在接下来的对话中，格拉迪斯细数了维修工人的友好，以及他们如何聊天，一起开玩笑，如果她年轻 40 岁的话，可能会对他动心。在会谈结束的时候，格拉迪斯为自己经受住了严重危机感到非常自豪。她也意识到，第二天早上醒来的时候，她感觉对人生的态度将比平时更加积极，她在临走的时候说："这个医院比我想象中要好多了。"

23

建构历史

建构式倾听是焦点解决短程咨询师用来建构下一个问题的方式，引导我们看到“故事背后的故事”。每一段艰难的故事背后，都有一段挣扎，每一个挫折背后都有坚持，每一个不幸背后都有幸存。焦点解决咨询师会仔细倾听来访者说出来的故事，然后将他们的好奇心指向那个没有讲出的故事。

杰拉德（Gerard）被认为长期受到抑郁情绪的困扰。他 70 岁，体态僵直，他自从“年轻时服役期间脾气失控”起，就处在抑郁的情绪之中。他用了近一个小时的时间讲述了持续 45 年的故事。在讲述的过程中，咨询师只问了 8 个问题，每一个问题都意图建立一种关于故事的建构性观点。这些问题展现出了什么叫做“带着建构的耳朵”倾听：

（1）在这么长时间的抑郁情绪影响下，你是怎么做到继续生活的？

（2）在你的抑郁情绪下，你是怎么应对离婚这件事的？

（3）你的老板看到了你什么样的特质，让他们愿意给你这样一个责任重大的工作？

（4）在这样一种困境下，你是怎么做到戒酒的？

（5）你是怎样做到戒掉毒瘾的？

（6）你是怎样找到自信去和她约会的？

（7）她如何知道在悲伤的外表背后你其实是一个值得托付终身的男人？

在这一刻，杰拉德明显情绪开始上升，第一次开始谈论他生活中的好运，以及他在当地的公园里为孩子们开小火车所得到的回馈。咨询师的最后一个问题是：

（8）杰拉德，能否回答我这样一个问题：45 年的抑郁情绪，经历了痛苦的离婚，失去火车司机的工作，酗酒，然后染上毒瘾……在所有这一切之后，你是如何做到不仅仅拥有了爱情，而且实现了童年的梦想，成为一个火车司机的？

杰拉德回应道“我告诉过你我的人生故事不同寻常。”咨询师表示认同。三周之后，将他转介过来的精神科医生致电给咨询师，告诉他杰拉德已经脱离了药物，并且没有戒断反应的迹象。

24

会谈前改变

会谈前改变是短程治疗的一大“秘诀”。在焦点解决领域，它于 1987 年（Weiner-Davis *et al.*，1987）首次被提出，然而弗洛伊德也曾经注意到过这个现象。在弗洛伊德的理论体系中，这种早期的改变称作“逃向健康”（Freud，1912），视为一种未能成功面对问题的病理症状。在焦点解决中，它也被看作是一种自发性的恢复，或许很多人都经历过，当我们到达医生那里时，那些相关的症状都消失了。

任何调解问题的人都可能遇到这样的现象：发生了一个问题，约定好一个时间来处理它，然而在处理之前的这段时间里，解决方案已经被找到了。最明显的解释不是来访者采取鸵鸟政策，而是因为他知道未来会有可能找到解决方案，在无意识中，更加开放了思路和对问题的看法，因此更容易找到解决方案。维纳 – 戴维斯（Weiner-Davis）的研究发现，70% 的来访者曾经历过积极的会谈前改变，而认识到这些变化也对治疗效果有积极的影响。为了有效利用这一自然的过程，很多焦点解决咨询师会在和来访者预约首次会谈时，要求他们“从现在开始直到前来进行咨询，注意其间一切发生变化的事情”。

乔治因为焦虑和抑郁，被他的 GP 转介来进行咨询。 他是公司的两个合伙人之一。两人从前的友谊变得恶化，乔治感觉他受到了欺凌。他责备自己不敢站出来对抗他的合伙人，认为自己软弱，毫无价值，考虑是否要离开公司。他的婚姻濒临破裂，并且他感到未来无望。乔治希望通过咨询能够重新获得他的自尊和自信，能够面对他的合伙人。在会谈刚开始，乔治描述了自尊和自信能够给他的工作带来哪些不同，以及这会如何给他力量来对抗他的合伙人。当问到更多的细节时，乔治说："就好像是昨天那样，但是没有这些可悲的恐惧和担心拖我的后腿。"接着，他描述了如何恐惧独自做决定，并指出这也表现出了他的软弱。咨询师则让乔治描述一下昨天究竟发生了什么。他的合伙人抱着一摞文件来到办公室，当着所有员工的面斥责乔治工作不认真，还把文件扔在他的脚下，命令他做好他该做的事情。这是迄今为止最为公然欺辱他的事件，乔治内心出现了一些"反击的念头"。他没有捡起文件，乖乖地回到办公室，而是用一种冰冷的声音叫住了他的合伙人："如果你想让我再看到这些文件，请捡起来送到我办公室"。他把文件留在地上，然后转身回到了自己的办公室里。几分钟之后，他的合伙人把文件拿了进来，一句话也没有说。

之后，乔治因为自责而苦恼，斥责自己公开挑战了他的合伙人，用批判的眼光不断回忆那个时刻，一直在想他还可以怎么做，完全没有注意到其实他已经站出来对抗他的合伙人了。他还担心事情会变得更糟，然而当咨询师问他第二天早上合伙人有什么表现时，乔治突然意识到，他还是很友好地邀请他哪天出去喝一杯，就像以前一样。

并非所有的会谈前改变都像乔治一样戏剧化，然而如果咨询师没有去寻找，很多时候人们并不会注意到它们。一旦注意到它，来访者可以立刻被看作那个可以自己解决问题的人，咨询师可以退到"后座"，继续焦点解决短程治疗。

100 KEY POINTS

焦点解决短程治疗：100 个关键点与技巧

Solution Focused Brief Therapy:
100 Key Points & Techniques

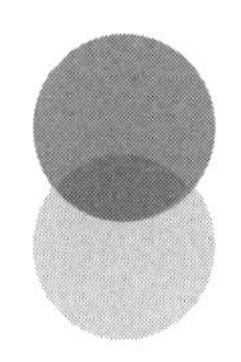

Part 4

第四部分

建立合约

25

找到来访者最希望获得的收获

在很多首次会谈的前 5 分钟，焦点解决实践者会询问来访者：“你最希望通过我们的谈话获得什么？”（George *et al.*，1999）。这个简单的问题体现出了 SFBT 的核心特征。

首先，这个问题引导来访者思考*结果*，而不是详细描述他带来的问题。如果我们询问：“你来这里想解决什么问题？”他很可能会描述他的问题。这类问题很可能会把来访者带回到他失败的过去和有问题的当下，将来访者带入问题谈话。然而，询问来访者“最希望的”，则是邀请他描绘未来的状态，而这个状态是他很渴望获得的。其实，焦点解决取向可以被看作是一种*接近*（towards）取向，而不是*远离*（away from）取向。焦点解决实践者可以把自己看作是出租车司机。假如一个乘客上了出租车，司机问：“您去哪？”乘客回答说：“离开机场。”那么这趟行程可能要花费很多的时间和金钱。司机希望听到乘客说“去城里”，然后他继续询问“城里哪个地方”，然后乘客给出一个具体的地址。因此“最希望的”问题是能让来访者把他认为成功治疗的结果具体化：“什么样的结果可以让你认为这次会谈对你是有用的呢？”

此外，这个问题也强化了来访者为中心的视角。SFBT 订立的合约并非来自咨询师的评估，而是来自来访者对“最希望的”问题进行的回应。传统的咨询师需要区分*想要*和*需要*。来访者说了他*想要*的，而咨询师根据他的评估流程来决定来访者*需要*什么。这种区分形成了知识阶层，典型地假设来访者“想要”的是表面的、肤浅的，而经过咨询师加工的基于专业性和“客观性”（如果真的存在客观性的话）

的“需要”才更有效。这不可避免地弱化了来访者的知识 。焦点解决咨询师不去区分想要和需要。他们选择不去知道更多。除了极少数的例外，我们会探寻来访者想要的，以及一些需要探索的例外，构成整个会谈的基础。凡是与“最希望的”无关的问题都被认为是不恰当的。

“最希望的”问题对来访者也是一个挑战。很多来访者原本准备好谈论一番困扰着他们的问题，然而会谈一开始咨询者却让他们去谈他们没怎么想过的期待的未来。一些来访者认为治疗就是要谈论问题，并且一些有过治疗经历的来访者表示他们从来没有被询问过自己想要什么。从一开始就关注来访者成功的标准，营造了具有目的性和可能性的语境。它指明了一个清晰的方向。在没有明确结果的情况下很难做到简洁，因为很可能来访者和咨询师都没有意识到已经达到了目的！

26

“合约”：结合点

那么，真的有这么简单吗？咨询师询问“最希望的”问题，然后无论来访者回答了什么，都代表了这次治疗的合约。很多时候就是如此简单，然而有些时候也并非如此。来自瑞典马尔默（Malmo）的焦点解决咨询师哈利・科尔曼（Harry Korman）提出了咨询师在协商“合约”时应当记住的三个原则（Korman，2004）：

（1）合约是来访者想要实现的；

（2）它在咨询师的职责范围内；

（3）通过咨询师和来访者的共同努力有希望实现。

因此切入点是非常简单的。

咨询师：通过我们今天的谈话你最希望获得什么？

来访者：我不太确定。我最近感觉很低落。

咨询师：嗯。那你来到这里最希望的是什么呢？

来访者：就是感觉好一点——我自己感觉好一点。

咨询师：好。如果你自己感觉好一点，你希望会给你带来什么不同呢？

来访者：那我估计会有更多自信，我会更喜欢自己，能够重新面对生活，而不是企图躲避。

咨询师：如果在我们谈话之后你发现自己有了更多的自信，更喜欢自己，能够重新面对生活，你会觉得这次谈话对你有用，是吗？

来访者：当然。

这个流程非常直接。通过回答咨询师的问题，来访者强调了生活中三个不同的方面，全部在咨询师的职责范围内，并且也是有可能实现的。在接下来的内容里，我们会探讨咨询师面对有挑战的回应时可以选择哪些回应的方式。

27

结果与过程的区别

焦点解决治疗既是来访者中心取向，也是结果导向治疗。然而，这并不意味着焦点解决咨询师会直接接受来访者对合约问题——“你最希望通过我们的谈话获得什么？”——给出的第一个回答。合约不仅仅要在咨询师的职责范围内，并且可行——也就是符合来访者的现实情况，除此之外，咨询师需要寻找代表结果而非过程的回应。

我们想象一下，来访者在回答“最希望的”问题时说：“我最希望的是可以倒倒苦水。”或者“我最希望在我们谈话之后我可以‘明白’为什么会发生这一切。”这两种回应都符合共同合约的标准，然而他们都不是“生活”变化。两种回应都与治疗过程相关，而不是与日常生活相关。焦点解决实践者假设来访者不仅仅是好奇他们的生活是怎么回事，不仅仅想要吐吐苦水。他们想要这样做一定有一个很好的理由，并且这个理由是和生活有关的。让来访者想象“明白”或“倒苦水”之后会让“生活”发生什么不同，可以将他们引导至他们想要去的地方。让焦点解决咨询师感兴趣的是那个期望的目的地，而不是对假设路径的描述。

区分路径和目的地、过程和结果的关键问句十分简单——“这会带来什么不同？”例如：

咨询师：如果你可以倒倒苦水，你希望这会为你带来什么不同呢？

来访者：那我会觉得更轻松一些，感觉好一些。

咨询师：如果你感觉更轻松一些、更好一些，你希望这会给你带来什么不同呢？

来访者：我会有更多的能量，感觉更积极一些。

咨询师：如果你感觉有更多的能量、更积极，你会注意到自己做哪些和现在不同的事情呢？

当来访者回应这个问题的时候，她的结果已经扎根于现实生活中的变化了。

有趣的是，路径与目的地之间的区分也是焦点解决咨询师解读来访者回应的另一个基础。当来访者回应了非常具体的过程时，治疗成功的机会受到了限制，并且严格控制了前进的方向，没有太多的空间进行调整。

咨询师：你最希望在我们今天谈话之后获得什么？

来访者：我必须要找到一份工作——我已经太久没有工作了，这已经对我的生活造成了一些影响。

咨询师：嗯，关于这点我可以问你一些问题吗？

来访者：当然。

咨询师：如果你有一份工作，你想象一下这会给你的生活带来什么不同？

来访者：我的自我感觉会好一些——我会觉得自己是一个有用的社会成员。

咨询师：如果你对自己的感觉好一些，感觉自己对社会有用，你希望这会给你的生活带来什么不同呢？

来访者：那，也许我会找回一些自信，我可能会出去见一些朋友。

一旦结果被定义为找回自信，出去见朋友，可以有很多种方式实现，也许是通过找到一份工作，也许并不需要找到工作。来访者通过区分路径和目的地而增加了成功的机会。

最后，在本书中，我们会强调“最希望在本次谈话*之后*……”而不是“*对*本次谈话最希望的是……”这个小变化也表明了这里所讨论的内容。“对本次谈话的希望”会引导来访者谈论他们希望在这次会谈当中做些什么，这也是强调过程而非结果。通过询问“本次谈话之后的希望”（当然并不是绝对的——例如本关键点最开始的例子）更容易问出“结果”。

28

重要的“替代”

在很多案例中，来访者受到很多问题的困扰。他们觉得抑郁，和伴侣争吵，打骂孩子，饮酒过量，药物滥用，感到焦虑，觉得自己很糟糕。因此，当咨询师询问“你最希望的是什么”时，很自然，来访者的回应会接近内心的感受：“我不想再觉得抑郁”“我不想再和伴侣吵架”“我不想再有这些消极的念头”。如果焦点解决咨询师将这些回应作为咨询的合约，那么接下来的工作很可能会是“问题取向”的会谈，谈话的很大一部分内容会围绕着抑郁、药物使用、饮酒、焦虑等等。因为很难做到让人们避开“抑郁”而谈论“不抑郁”的话题。用负面词汇构成的合约有一定的风险，会让来访者持续聚焦于那个想要改变的问题，反而更加认为自己焦虑、抑郁、是不合格的父母、失败的伴侣等。持续聚焦于问题很可能会延缓发生改变的过程。

从负向词汇过渡到正向词汇的方式十分简单，关键词就是“替代”。

咨询师：那么你希望用什么样的感觉来替代抑郁的感觉呢？

来访者：我想要感觉我又重新回到生活轨道上，我没有被孤立，也没有逃避。

咨询师：好，那么如果你重新回到生活轨道上，会有什么替代你的孤立和逃避呢？

来访者：我会经常出门，接触不同的人，我会收到很多的邀请。

在两三个问题后，来访者已经从“不感到抑郁”转而开始描述她想要的生活。现在，治疗可以聚焦在“重新回到生活轨道上”，包括这对来访者意味着什么，以及来访者如何构建一个符合这一描述的人生，而不是“减少抑郁影响”的人生。这两种对话，尽管密切相关，但却会把治疗引向完全不同的方向——其实来访者的回应已经说明两个方向是对立的。谈论“重新回到生活轨道上”更有能量和热情，而谈论“减少抑郁”可能会降低能量和兴奋的水平，让来访者处在一种“为什么我会抑郁”的苦恼中。这种从解决问题到构建方案视角的转变是焦点解决实践的核心，也是区分问题取向治疗和焦点解决取向治疗的关键理念。

29

当来访者的希望超出咨询师的工作范围

如果来访者对“希望”问题的回应超出咨询师的职责范围，该如何处理呢？例如，“听着，老实说，让我的生活发生改变的唯一办法就是重新分一间房子给我”（而咨询师并没有权利解决房子分配的问题），或者来访者悍然不顾咨询师的职责，“我只希望我永远不用再来到这所学校”。在这两个例子中，，咨询师首先要做的是接纳来访者的回答：“我可以理解”。或者，对于第二个例子，可以回应：“听起来你不太喜欢这所学校”。接下来，咨询师要澄清自己的角色：“我想你知道我没有办法左右房子分配的事情”，或者“你知道我的职责是要让你继续接受教育，对吧？”接着，第三步就是和来访者协商，形成一个通过咨询可以达到的目标。

咨询师：尽管我无法左右公寓分配，我能不能问一下——如果你和你的家人被重新分配了公寓，你觉得这会给你的生活带来哪些不同？

来访者：这个简单，我们就不会经常争个你死我活，不会经常吵架，我不会感到压力这么大，我会对孩子们更有耐心，我会觉得我能控制得了事情的发展，好像能够看到在隧道的尽头有一丝光明。

咨询师：好的，虽然你现在还没有重新分到公寓，你也不知道什么时候才能分到。但是尽管如此，你还是注意到你开始看到隧道尽头的一丝光明，你感觉你在控制着事情的发展，如果是这样，你会觉得我们的会谈有了效果吗？

来访者：我猜会的吧，尽管我最希望的还是重新分房子。

咨询师：当然，然而如果我们能够往光明处走一点点，你会觉得这次会谈是值得的？

来访者：是的。

咨询师很认真地对待来访者的愿望，也澄清了他自己的职责，并且去协商出一个尽可能接近来访者诉求的“希望”。

30

被送来的来访者

“被送来”容易让我们想起非自愿个案，来访者并不愿意进行咨询，然而却“违背意愿”地来到咨询室里。我们第一反应是对此表示怀疑。毕竟就算咨询不是来访者自己主动要求的，他仍然同意来到了咨询室。来访者是如何做了这个决定的？焦点解决咨询师认为，每一个同意进行会谈的来访者，都有一个重要的理由，这个理由便是咨询师需要去发现的。有时，来访者的“重要理由”在一开始与*转介者*“最希望的”不一致：

咨询师：在我们谈话之后你最希望有哪些收获？

来访者：我不知道。是我的医生让我来的。

咨询师：是什么让你同意来咨询？

来访者：她认为这对我有好处。

咨询师：很好。如果她说得对，你怎样才能知道？

来访者：我觉得可能会更好地管理我的疼痛。

咨询师：好的，如果你找到了一种方法能够更好地管理疼痛，我猜这会对你有好处，而不仅仅是医生希望的，是吗？

来访者：当然。

在这个案例中，仅仅通过几次提问，来访者就开始描述她想要什么，咨询师要做的就是时刻记得尽管来访者并没有主动要求咨询，然而她还是来到了这里。

我们再来看一个过程十分相似、只是稍微复杂一点的案例：

咨询师：我们谈话之后你最希望获得什么？

来访者：没有什么。只是我的社工让我必须要来。

咨询师：但你还是来了。是什么让你决定要来的呢？

来访者：他们说我别无选择，如果我想把孩子接回来，就必须要来咨询。

咨询师：好的。这也是你想要做的吗？把孩子接回来？

来访者：当然！

咨询师：那么，只是来这里做咨询，他们就会让你接走孩子吗？还是他们也需要看到你有一些变化？

来访者：不是的，有好多需要我做的事情。他们要求我戒酒，谈一谈我小时候受到虐待的事情，管理我的愤怒情绪，对待孩子始终如一，更可靠，更自尊等等。

咨询师：好的，所以他们认为除非你做了这些改变，否则你就不能把孩子接走？

来访者：是的。但我认为我现在可以把他们接回来，我已经没事了。

咨询师：嗯。这很困难。能否回答我——你相信他们吗？他们真的会这样做，还是仅仅说说而已？

来访者：我的律师说他们是认真的，如果我想要有机会出庭的话，我必须要来做咨询。

咨询师：所以就算你不认为你需要做这些改变，你认为他们需要看到一些什么样的迹象，你才会有机会得到你想要的，把孩子接回来？

来访者：估计是戒酒吧——看到我每天能准时去寄养所，而且没有满身酒气。

咨询师接下来就可以基于这个场景继续构建还需要哪些改变："那么，就算你觉得没有必要，但是为了把孩子接回来，你是否准备要这样做呢？"如果来访者的回答是肯定的，咨询师可以继续针对这个决定予以回应，然后继续会谈。咨询师必须时刻记得，对来访者而言重要的是能够把她的孩子从寄养所接回来，而那些需要改变的行为只是到达这个结果的一种方式。

31

与儿童建立合约

与儿童和青少年进行工作的咨询师，经常会遇到被送到咨询室的来访者。很少有儿童会主动想要进行心理咨询。事实上，几乎所有的儿童来访者都是由他们生活中的某一位成年人送来的，例如家长、老师、社工或儿童保护中心的工作人员等。

焦点解决咨询师了解这一点后，可以以这样的方式开始一段咨询会谈：

咨询师：是谁要你今天来这里见我的呢？

来访者：我妈妈。她想要我来。

咨询师：好的，你妈妈最希望我们见面之后发生什么呢？她怎样就能知道你来这里是有用的呢？

来访者：她总是说我的态度问题。我的老师也是这样。

咨询师：好。这只是你妈妈和老师希望的事情，还是对你也可能会有好处呢？

来访者：我觉得应该对我也有好处吧。

咨询师：好的，所以说，如果你的态度有了一些改变，你也会觉得我们的谈话是有用的，是吗？

来访者：是的。

咨询师：那么，还有什么可以让你觉得这次会谈很有用？

来访者：没有了。

从这个案例中，我们可以看到，儿童很容易接受成年人的“希望”。然而，如果他们没有接受，并回应说“我没有什么错”，焦点解决咨询师可以继续问：“好，你没有被这个态度的问题所困扰，那么你来到这里，如何才能觉得这个时间没有浪费呢？”如果孩子的回应类似于“让父母少管我”的内容，咨询师可以继续沿着这个方向进行合约的工作。

32

当来访者说“不知道”

德·沙泽尔曾经说到，正如“还有什么”是焦点解决咨询师最常问的问题，“我不知道”也是来访者最常使用的回答。因此，焦点解决咨询师需要思考如何应对这样的回答。

最简单的回应方式就是等待。很多来访者（尤其是儿童与青少年）无论对什么问题都喜欢回答“我不知道”，似乎成了一句口头禅，如果咨询师等待足够长的时间，来访者便会开始回答。例如，“我觉得，可能是关于我和小儿子詹姆斯的关系吧……他从来不听我的话，我特别生气……是的，可能我们俩的关系会有改善”。如果在短暂的等待之后来访者没有开始回应，咨询师可以再次询问同样的问题，但是在用词上稍作调整，这样也认可了来访者的“不知道”：“你怎么认为？发生些什么可能会让你认为来这里咨询对你有用呢？”“认为”和“可能”比原始的问句“通过来这里会谈你最希望获得什么”多了一些试探性。它允许来访者不需要必须知道，因此更容易回应。如果来访者再次回答“我不知道”，咨询师可以再增加一些试探性：“能否想象一下，你怎样才能知道我们的谈话最终对你有用呢？”如果来访者还是回答“我不知道”，咨询师仍然有很多种继续的方式。

坚持

如果咨询师选择坚持，那么接下来可以解释一下他为什么要这样问，这样可以使这个问题“正常化”，以便来访者更容易回答。“我知道这不是一个容易回答的问题——很多人经常去想那些困扰他们的事情，但很少去想怎样才能知道咨询是有用的。但是我非常需要了解你来这里想要获得些什么。这样我才能够确保做正确的事情。你觉得呢……”

换一个视角

很多焦点解决咨询师曾经经历过，如果换成他人的视角来提问，来访者可以很轻易地回答出来。因此咨询师可以询问：“谁最了解你？”“我的朋友珍妮。”“那么，如果你不告诉她，她怎样才会发现这次咨询对你有用呢？”

转介者的视角

另一个帮助来访者寻找“最希望的”具体目标的方式，就是找到转介者“最希望的”事情。“是谁让你来这里的？”“我的领导。”“好的，那么她最希望看到什么呢？”如果来访者觉得很难回答，那么可以考虑与转介者一起进行一次会谈，让她表达出她最希望的事情，并与来访者进行协商。

焦点解决短程咨询师假设每一个来访者都有一个很好的理由同意前来咨询（请见第 11 个关键点）。咨询师的一个核心任务就是保持足够的灵活性，让来访者能够表达出这个很好的理由（George *et al.*，1999：22–23）。

33

当来访者的希望不符合现实

如果来访者第一个回应不可能通过咨询而实现该如何应对呢？举例来说，一个孩子说他“最希望”的是“妈妈和爸爸重归于好”，只有这样才能给他的生活带来不同。咨询师知道，他的父母均已再婚，并且过得很好，不可能再让他们两个人复合，并且这也不在咨询师的职责范围内。

咨询师：是的，当然——这当然会带来很大的不同。我只是不知道如何才能发生这样的结果（爸爸妈妈重归于好）。

来访者：我想这不可能。

咨询师：除此之外你对今天谈话之后还有什么期待呢？

来访者：或许我会有一些朋友。别人都有朋友。

咨询师：好，我能不能问一问……［暂停］……如果你有了朋友，会给你的生活带来什么不同？

来访者：我会更开心，我会感到和其他同学一样，一样正常。

咨询师：如果我们今天进行了谈话，结果你感觉很开心，感觉和其他同学一样，或许有了更多的朋友，你会觉得这次谈话有用吗？

在这个案例中，咨询师接纳了孩子希望父母复合的愿望，指出这是不可能因为咨询而发生的，并邀请孩子详细描述下一个愿望。有趣的是，孩子谈到了另一个能够让他开心一些的事情。如果孩子没有这样回应，咨询师可以回到希望的问题，尽管不现实，但仍然可以询问如果父母真的复合了，会有什么不同。很有可能对话会进行到同一个终点，也就是孩子可能会说他会感到开心，交朋友，接下来对话可以寻找用什么样的方式能够实现这些事情，尽管终极目标并不能够实现。

以上是很多个案例中的一种，咨询师需要提问结果发生的*可能性*。一些咨询师会让来访者为这种可能性打分，10分代表“有可能会发生”，0分代表“完全不可能”。

你能想到的最好的情形

我们想象一下和来访者坐在一起，她正在回应“最希望的”问题，她说她想要她的老板不要再对她那么无礼。这与上述孩子的案例具有同样的问题，并且我们知道，在关系系统中，一部分改变可以引起其他部分的改变。咨询师采取的路径取决于来访者对“怎样才能让它发生呢”这一问题的回应。如果来访者的回应是“我觉得她可以改变，因为有很多天她都很友善”，焦点解决咨询师可以顺着来访者的回应继续谈论老板的改变；然而如果来访者说“不可能，她总是这样，她对谁都这样，她好像觉得自己必须要表现出一副强势的样子”，这里就有另一条道路。在这个案例中，咨询师可以回应：“好的，看起来她不会改变。那么来到这里你能想到的最好的情形是什么呢？”通过“你能想到的最好的情形”或者“你还有什么希望”这两种表达，都可以应对那些无法发生的期待。通常，来访者会回应：“我想最好的情形就是我能保持低调，熬过去，这样我在找下一份工作的时候能够有一个好的推荐。”这时咨询师可以回应：“那么，如果你保持低调，并且你可以得到你想要的好的推荐，这会给你的日常工作带来什么不同呢？”

应对生活情境

我们面对的生活困境，可以分为“问题”——它们是可以解决的，以及“生活情境”——不能解决的困境。这个区分很简单，也很明显。尽管痛苦、丧亲、疾病和失去都不是问题，因为从定义上讲它们无法被解决。然而还有一种与之相伴的行为，它帮助来访者和咨询师继续前进，也就是应对、处理和接纳生活情境。如果来访者提到她的关节炎问题，咨询师可以回应：“我猜想无论我们如何谈话，都无法让它消失。”如果来访者同意，咨询师可以继续询问：“那么你如何能够知道自己正在用最好的方式处理关节疼痛呢？”

34

如何应对危机个案

焦点解决取向治疗是一种非标准化的方法，也就是在它的框架下没有对与错，没有一个关于来访者应该如何生活的主流观点。期望的治疗结果由来访者决定，这一方法仅仅是与来访者讨论他们最想要实现的结果。焦点解决不去评估来访者的生活，也就是坚持“不进行价值评判”，咨询师所提的问题是否合理，取决于它是否与来访者期望的结果相关；如果不相关，那么这个问题就不合适，不仅仅是对来访者的干扰，更重要的是它可能会造成咨询师带有自己的立场，也就是把自己关于“正确”的想法强加给来访者。

因此，经常会有人问到，焦点解决如何应对危机个案。简单的回答是：不应对！这并不是说焦点解决咨询师在工作中遇到危机个案时，不会寻找应对的方式，而是为了应对危机个案，他必须要离开焦点解决的模式，使用一个外部的价值观来区分“对”与“错”，也就是安全与危险。

想象一下焦点解决咨询师见到一位来访者，她声称过去曾经被先生实施家庭暴力，由于遭受这些攻击，她的生命受到威胁。当咨询师问到“咨询之后最希望发生什么”时，来访者回答她希望自己能够更强大一些，她已经受够了被呼来唤去。从焦点解决的视角，这种回应并不代表任何问题。这个回应是来访者想要的，并且符合咨询师的工作职责范围——帮助来访者变得强大——并且也具有实现的可能性。然而很多的咨询师会在脑海中拉响警报。如果来访者更加强大，是否她的先生会增加暴力的程度，企图让她“回到原来的状态”？因此咨询师脱离焦点解决模式的视角，询问了一些关于安全的问题。

咨询师：好的，那么如果你在生活中能够更强大一些，特别是在婚姻当中，你就会觉得这个咨询是有用的，是吗？

来访者：是的。

咨询师：好。我能否问你一个问题？我猜想安全对你来说也很重要，是吧？

来访者：当然。

咨询师：那么，我们想象一下，你如何才能知道，变得更强大对你有好处，同时也对你们的婚姻以及你的安全有好处呢？

这里，来访者接受了咨询师植入的关于未来安全的画面，然而很重要的一点是，我们需要认识到，咨询师在一个完全合理的情况下“利用”了关于安全的问题。如果来访者对于安全的回答是否定的，那么咨询师其实陷入了一个伦理困境。这时候，需要思考“我是否可以和这位来访者继续工作？”焦点解决无法回答这个问题，然而这是伦理专业人士必须要思考的问题。

35

当咨询师拥有资源时

很多咨询师同时具有多重角色，“咨询师”只是其中之一。健康专家有时候需要提供“健康生活指导”。戒毒工作者需要提醒来访者使用药物的风险。社会工作者经常需要监控他们工作对象的安全。许多专业人士由于掌握一定的资源，经常需要做一些决策。尽管社会工作者无法擅自代替政府部门决定某个孩子是否需要被当地政府照看，然而绝望的父母们仍然认为，如果能够取得社会工作者的信任和支持，就代表向着他们期望的方向迈进了一步，可以稍微缓解他们的紧张和焦虑。因此，当焦点解决社会工作者询问父母“最希望的”问题时，父母通常都会回应希望可以把孩子送到托管中心。与教育心理学家面临学校希望为一些有特殊需要的孩子增设教室、精神科医生面临父母希望给“多动症”的孩子开药一样，在这个例子中，社会工作者也面临的同样的问题。

在这些案例中，专业人士的任务包括评估功能，也就是评估是否能够在“不提供资源”的情况下继续工作以达到一个满意的结果。例如父母是否有能力照看好他们的孩子而不需要将孩子托管，教师能否在不需要额外资源的情况下支持特殊儿童，是否有其它的解决方案可以让孩子避免被贴标签以及受到药物副作用的影响。因此，寻找替代方案的第一步就是通过开始对话的方式，引导来访者超越原本已经预先想好的解决方案。例如可以询问：“你希望这会给你带来什么不同？”通常对这个问题的回答会开启一些新的替代方案。

来访者：如果你能把他送到托管中心，我就不用每天晚上担心他什么时候回家，担心他都干了什么，学校不会天天质问我他的出勤情况，我不会总是发火，家里会安静很多，我们也会更开心。

咨询师：好的，听起来最近一段时间真的很困难——可能这有些保守——如果我理解得正确的话，你希望他能够按时回家，按时上学，你希望家里能够安静而愉快。

来访者：是的，你知道他是什么样子——他简直无视我，至少他在斯图尔特那里寄宿的时候我们其他人会感觉很舒服。

咨询师：是的，所以你还希望他能够注意到你。

来访者：当然了。

咨询师：好的。不知道我这样理解是否正确：按时回家，去上学，家里安静愉快，迈克能够注意到你？

来访者：是的，但他并不会。我真是受够了。这对他也不好，对珍妮和威廉姆也不好。我总在大喊大叫。

咨询师：的确——我很抱歉事情这样糟糕——你知道我需要先和迈克谈一谈，或者可能和你们所有人谈过之后才能做决定，所以如果我能够找到一些方法让他做这些改变，让家里的情况有所改变，你觉得事情可以得到改善吗？

来访者：是的，但这不可能发生……

咨询师：如果真的发生了，会让事情有所改善吗？

来访者：应该会吧。

当然，与迈克和他的妈妈及家人的会谈并不会很轻松，并且可能最终的结果还是迈克去了托管中心，然而，当妈妈的需求变为她所希望的变化，而不仅仅是送孩子去托管中心时，就可以明显地看到，还有其他可能的路径可以通向这些想要的结果，而托管只是其中的一条路。

36

没能达成一致的合约怎么办

如果没有达成一致的合约，那么这个会谈就不是焦点解决取向的会谈。会谈或许很有效，或许实现了赋能，或许也是优势取向的，但它不是焦点解决的会谈，因为每一次会谈都需要有一个方向，如果来访者的方向不明确，就会不可避免地由咨询师来把握方向。然而既然焦点解决的工作是非标准化的，咨询师不可能知道“正确的”方向在那里。如果咨询师不知道来访者“最希望的”是什么，他如何知道怎样去提问，怎样去筛选应该强调的内容呢？在这种情况下，咨询师可以用上所有的焦点解决问句和技术，或许这样做会很有用，然而，如果没有达成一致的合约，即便使用这些技术，也并不意味着整个会谈就是焦点解决取向的。

一个明显的例子就是，当咨询师引导会谈方向的时候，合约是不存在的（至少一开始并不存在）。很多时候，法定的咨询工作至少在会谈刚开始的阶段需要采用这样的模式。由于机构对咨询师的工作目标有一定的要求，来访者通常并不知情，然而这些干预措施尽管来访者并不一定同意，仍然需要继续。因此，在这种情况下，咨询师需要时刻探寻来访者是否“买账”，通常采用的方式是告知来访者如果不配合的话会有什么样的风险。例如，“我知道过去你曾经想过永远不再进医院——现在还是这样吗？”如果来访者回答是肯定的，咨询师可以问：“那么你觉得我需要看到什么样的变化，才有可能确保你不再进医院？”基于对咨询师的最低要求，可以询问：“你是否愿意和我一起来产生这些可以让你不进医院的改变呢？”如果来访者回答“是的”，那么“不进医院”这个合约就达成了，接下来便可以开始焦点解决的工作。如果回答是否定的，那么咨询师只能根据自己的目标进行工作。

在会谈中，有很多机会可以建立“一致的合约”，而关键就在于从来访者的抱怨中倾听。每一个抱怨都是一种可能性：“听起来这确实一直在困扰你，感觉很难摆脱它，你希望它发生改变吗？”如果来访者接受这个目标，通过进一步的工作，就算目标是咨询师或其背后的机构决定的，但这一小部分的“摆脱它”也可以成为焦点解决工作的一个小目标。在这种情况下，相当于是在“双轨”（来访者的轨道和咨询师的轨道）下进行工作。双轨的工作可以在会谈一开始就提供给来访者。“我知道你不认同我们对丹尼尔的担心，但你知道，我会定期探访，我的职责要求我必须要关注这些事情，所以我们每次见面的时候我都会询问。这是我的工作。那么，在你看来，通过我们的谈话，你认为至少可以摆脱一些什么，让你不白白浪费这些时间呢？”如果来访者回应了这个问题，那么咨询师就进入了两个轨道，为未来的合作打开了更多的可能性，而不仅仅是一次以机构的要求为主的单方面会谈。

100 KEY POINTS

焦点解决短程治疗：100 个关键点与技巧

Solution Focused Brief Therapy:
100 Key Points & Techniques

Part 5

第五部分

来访者期待的未来

37

期待的未来：“明天问句”

当来访者回答了“最希望的”问题（“你最希望在我们的咨询之后有哪些收获”）后，咨询师已经了解了来访者的目的，通常接下来的步骤就是引发来访者描述出当所希望的事情发生后，他们的生活会是什么样子。在早期的 SFBT 中，这个步骤是为了让咨询师和来访者知道什么时候可以结束治疗（de Shazer，1988）。然而，不久之后，这一未来取向对话的治疗价值逐渐显现出来。来访者越清晰地描述他希望的未来，越可能尽早出现积极的结果。就好像这些描述让来访者亲身体验到了，并创造了一种可能性——事情真的会有所不同。并且这个描述开始覆盖来访者日常生活的方方面面，不仅仅是那个困扰他们的问题。这种大范围的覆盖无法被“目标”充分概括，目标通常很具体，并且有局限性，因此我们创造了“期待的未来”（preferred futures）这个词汇（Iveson，1994）。

严格说来，将来访者描述的期待的未来看作是“解决方案”是不恰当的。更精确的表达是：它是另一种生活的方式，在这种方式下，原先的问题不再有巨大的影响。来访者应对问题的方案是成功治疗的结果。例如，一位母亲抱怨她青春期的女儿经常在外面待到很晚才回家，而她“最希望的”是女儿可以按时回家。咨询师并不会把这件事当作咨询的核心，相反，他会问“这会给你带来哪些不同”，继续探索，直到能够建构出更加贴近“有品质的生活”的结果，例如“我们的关系会好一些”。接下来，咨询师的任务是引导来访者描述这种“好一点的关系”在家庭和生活中是什么样子。如果描述发挥了效果，母女二人可能会相处得更好，并且由于关系改善，她们可以开始协商一些规则。“问题”就被家庭自行解决了，不需要咨询师的任何干预。

这个未来线索导向的问句就是SFBT中的“奇迹问句”（Miracle Question）：

> 假如某天晚上，在你睡着的时候，发生了一个奇迹，这个问题解决了。你如何能够知道？会有什么不同？你如果不告诉你的丈夫，他如何才会发现？
>
> （*de Shazer,1988:5*）

最初，在“最希望的”问句出现之前，“奇迹问句”是关于“没有问题的生活”的描述。后来，我们更多地询问“当最希望的事情实现之后的生活”（George *et al.*,1999）。“奇迹问句”目的是让来访者克服没有希望的感觉，因为奇迹可以做到任何事情。然而，当“希望”的问题被提出后，“奇迹”便显得不那么必要，就好像在前面母亲和女儿的案例中，我们会在“希望”问题之后继续询问“如果你明天醒来时，发现你和你的女儿的关系完全像你希望的一样，第一个迹象会是什么？”我们将这个问句称为“明天问句”，它的附加效果是，这种比较普通的语言，不容易让来访者记住，因此来访者自己的语言更容易占据主导的地位。这种“奇迹”装置的另一个特点是，它不需要咨询师的力量。它不同于那些通常由咨询师来挥舞的神奇的“魔杖”。“我们来想象一下，明天你醒来时，你的希望实现了。你会开始注意到什么呢？”让咨询师和超自然的力量站到一旁，完全以来访者为中心。

38

遥远的未来

有时候，来访者的希望可能无法从明天甚至是明年开始。例如一个孤儿院里十几岁的男孩说，他的“奇迹”是醒来以后成为一个百万富翁，开着保时捷，身边有一个漂亮的女朋友。咨询师回应：“我们来想一个不那么大的奇迹，但这个奇迹仍然能够让你的生活朝向你想要的那个方向，比如百万富翁、保时捷、漂亮的女朋友等。”这个男孩笑了，对咨询师说了句脏话，然后转身回到自己的房间。然而第二天，男孩第一次在中午之前起床，买了一份报纸，开始找工作。

根据经验，如果来访者发现这些希望可以与现实生活相联系，他们会开始意识到它是有可能发生的。例如感觉自信、关系改善、幸福、继续生活、在学校里努力学习、或是做一个好父母等，这些都是未来的例子，从明天就可以开始。成为百万富翁、找到伴侣、找到新的工作、未来通过考试、把孩子从寄养所接回家等愿望或许很遥远，然而在这些案例中，醒来后开始朝着希望的方向前进，使得“明天问句”具有现实性。

39

高质量地描绘期待的未来：来访者视角

关于期待的未来的描述，有五个核心的特点。首先，从来访者自身的视角而言：

- 正向的：是他们想要的，也就是他们想要用什么来*替代*问题。
- 实际的可观察的行动：感觉转换成行为。
- 具体的：事件，地点，行动，环境。

然后，从他人的行为和视角而言：

- 多重视角：通过他人的眼睛看到的。
- 互动的：描述对他人的影响，以及这些影响对自己产生的影响。

（1）*正向的*　这里所谓的“积极”并非乐观地看到“杯子里有一半水”，而是指描述那些存在的事情，而非缺失的事情。这在逻辑上很容易理解——我们无法描述出不存在的事情。然而，我们经常倾向于描述那些问题不存在时的希望（我不会感到抑郁、不再喝酒、不再冲孩子发火等等）。期待的未来必须要描述出用什么来替代这些不想要的行为或情绪，而非由咨询师来假设。例如，一个在学校里闯祸的孩子，说他不想再在楼道里跑。或许我们可能会假设，他希望在楼道里走路。然而，当这位谨慎的咨询师问到他的时候，他说，他会“和朋友聊天”这就需要他放慢脚步。随后，他说他可能会不再大喊。或许我们会再一次认为他会用正常的声音说话，然而当问到他的时候，他说，我会“走路”，因为他会走到朋友身边和他们说话，而不是直接大喊。

（2）*实际的可观察的行动*　通常来访者开始描述期待未来的方式是概括性的，与自己的感觉状态相关。为了让未来的描述具有治疗效果，它需要被转换为具体的行为。例如，无论是戒毒还是提升管理绩效，来访者在开始描述期待的未来时都会回答“我会感觉更加自信”。这是一种“内在状态”的描述，接下来需要问来访者这种自信会怎样表现出来。例如，苏珊曾有过自杀史（曾经割到大腿动脉），描述说她会回应邻居的敲门声；尼娜（海洛因成瘾）说她会去图书馆；詹姆斯说他会注意到早餐麦片的味道。三个人一开始的描述都是“我会觉得我想要起床”或者“我会很期待新的一天”。然而，这些描述并非立即从来访者口中说出。它们需要通过提问来获得。

（3）*具体的*　期待的未来越具体，越容易成为现实。描述时间和地点会增加可能性。例如，当问到母亲和女儿关系变好之后可能注意到的第一个迹象是什么，母亲可能会回答：“她会更尊重我。”这时咨询师可以回应：“什么时候？”以及“你们会在什么地方见到彼此？”这些细节会帮助咨询师找到合适的问题去继续描述一个充满尊重的关系：“那么当早上8:15，她走进厨房的时候，有什么迹象使你知道你和女儿的关系和你想象的一样？”“她会对我说‘早上好，妈妈’，或者类似的话”。

40

高质量的期待的未来：他人视角

除了正向、实际可观察的描述以外，来访者期待的未来需要具备另外两个标准，即其他人的视角以及互动性：

（4）*多重视角*　咨询师不应该仅仅关注来访者自己视角下的期待的未来，还应该注意其他人会看到什么。*这也是来访者识别内在状态改变的一种方式*。母亲听到女儿说“早上好”的时候，就知道她得到了尊重，接下来咨询师可以询问，女儿会注意到母亲哪些事情。家庭成员、朋友、同事、邻居甚至是路人会注意到什么，这会给期待未来的描述增加更多实际的内容。当一个严重抑郁的来访者被问到，如果他感觉像自己希望的一样，路人会注意到什么？他很可能会回答“他们会看到一个抬头挺胸的人，可能会吸引他们的目光，甚至冲我微笑”。这是关于想要的生活的很小的行为描述，随着这些描述的累积，很可能将生活带到这个地方。

（5）*互动性*　最后，很重要的一点是，这些描述需要编织到来访者的关系中。我们不仅仅需要他人的观察，我们也需要描述他们的回应，以及这些回应对来访者产生的影响。我们再回到母亲和晚回家的女儿的案例：

咨询师：当她说“早上好”之后，你会如何回应呢？

来访者：我也会说“早上好”。

咨询师：你会觉得很开心吗？

来访者：当然会。

咨询师：她如何能够知道你很开心呢？

来访者：我会微笑。

咨询师：她喜欢你笑吗？

来访者：我觉得会，因为我觉得她对我们的关系也同样感到紧张。

咨询师：你怎样才能知道她很开心呢？

来访者：她也会笑。

咨询师：然后呢？

来访者：我们可能会拥抱，流泪。开始说话对我们而言是一种解脱。

咨询师：接下来你还会注意到什么？

咨询师并没有主动灌输给来访者所描述的场景。我们无法用这样的方式操纵来访者的人生。这样做的目的仅仅是通过一些现实的描述让来访者看到*可能*发生的事情。当治疗成功后，来访者会汇报他们的行为，但不会与描述的完全相同。

41

扩展和细节

描述有很多层次，咨询师也有很多的选择。每一个选择都会达到他们的目的。因此咨询师需要决定在什么时候寻找细节，什么时候扩展描述。当母亲描述了第一个“早上好”的时候，咨询师决定继续围绕这个话题展开询问：“当你们拥抱、流泪的时候，你会注意到哪些关于未来的希望？”如果来访者描述了另一个正向的感觉，咨询师可以询问“你的女儿如何能够知道你有这样的感觉？”人际关系充满了复杂性，需要很多次提问来描述这些短暂的互动。在某些时候，需要帮助来访者扩展他们的描述，通常可以询问“还会有哪些不同？”如果每一个细节都花很多时间关注，则治疗过程会非常耗时，因此咨询师需要不断地选择在哪里“放大”，在哪里“扩展”。

还是这个母亲和女儿的例子，咨询师开始询问细节——从当她们见到彼此的时刻开始。或者他也可以选择开始扩展描述：“你希望看到和女儿的关系有哪些改变？”母亲可能会列举出很多内容，例如更多的尊重、更多的交流、汇报学校的情况、听话、开心的迹象。当这些大范围的描述完成时，咨询师可以选择在哪里深入下去：“你如何能够知道你的女儿很开心、尊重你、好好学习等等。”后面我们会看到，量尺是一个很有用的工具，通过具体的数值，帮助来访者找到关系中会发生变化的细节。

案例

詹姆斯今年 25 岁，受过良好的教育，然而最近受到工作问题的困扰，他认为他的工作毫无出路。他由于用药过量而被送进医院，最近刚刚出院。他和父母住在一起，与父母相处得并不融洽。他的母亲由于严重的硬化症而身患残疾，父亲每天工作很长时间来“逃避呆在家里”（这种说法来自詹姆斯，他“恨”他的父亲）。詹姆斯为母亲提供了很多帮助，这也让他没有办法享受自己的生活。他想要更自信。接下来的对话是首次会谈中的一部分。詹姆斯描述了起床，和母亲聊天，对父亲更加有礼貌，对工作更加认真。

咨询师：那么在下班以后，你会如何表现出自信呢？

詹姆斯：我可能会去喝一杯，但我没办法把母亲一个人留在家里那么长时间。

咨询师：如果你出门，她会难过吗？

詹姆斯：或许不会，因为她说我应该有自己的生活，否则我会进退两难。

咨询师：所以你妈妈看到你经常出去也许会很开心？

詹姆斯：如果她不那么需要我的帮助，或者我父亲可以多做一些的话，那应该会是如此。但我父亲做不到，他们甚至彼此都不说话。

咨询师：所以如果他们两个人好好相处，你觉得父亲会帮忙，是吗？

詹姆斯：是的，但他们做不到。

咨询师：如果他们做到了，首先会发生什么迹象呢？

詹姆斯：他们不会的。这非常不现实。

咨询师：如果发生了一个奇迹，他们开始相处好一些了，你首先会注意到什么样的现象？

詹姆斯：他们会开始交流。

咨询师：交流些什么？

詹姆斯：任何事情，随便什么事情。

咨询师：会有什么迹象表明他们开始说话了？

詹姆斯：父亲多帮助母亲。

咨询师：有什么迹象能够说明他开始帮助母亲？

詹姆斯：他会帮助她吸氧。她需要吸氧，但是不能自己换氧气瓶，所以如果我看到父亲帮母亲换氧气瓶，我就会知道他们的关系开始改善了。

咨询师：这又会带来什么不同呢？

詹姆斯：巨大的不同。

咨询师：比如？

詹姆斯：比如我会觉得我终于可以有自己的生活了。

在第二次会谈中，也就是一个月以后，詹姆斯感觉好了一些，换了工作，也有了更多的社交活动。他报告说，他的父母关系有所改善，父亲开始更多地帮助母亲。过去詹姆斯将父亲看作是没有帮助的人，他认为他必须要插手帮忙。这种细节的描述，或许帮助詹姆斯认识到，当他不在的时候，父亲偶尔也会为他的妻子做一些事情，这样就使詹姆斯得到了解脱。

Part 6

第六部分

什么时候发生过？成功的例子

42

例外

SFBT 来源于“人无完人”这个理念。对于这个古老认识的新理解是，即便是人类的问题也不是完美的：无论多么漫长、严重、困难和复杂的问题，总有不那么难缠或是影响没那么大的时候。德·沙泽尔对这一现象进行了详细的描述（1985）。他将问题看作是行为模式的重复，就好像是规则一样，而所有的规则都有例外。*例外*这个概念是 SFBT 的第一个支柱。道理十分简单，如果每一个问题都有例外，那么所有问题的解决方案都已经就位，只等我们去启动它。早期的SFBT 需要询问问题，寻找例外，并围绕例外继续探讨，使其变得比问题更强大。

然而说起来容易，做起来很难。问题行为的例外通常很难被注意到，因为问题本身吸引了全部的注意力。就算注意到了，它们的重要性也被忽视。例如家长和老师可以说出孩子淘气的行为，然而当问到他们有哪些好的行为时，他们往往回答“那肯定是他在计划捣乱！”即便是好的行为也被当作是坏行为的开端。

将例外作为改变的基础，关键在于细节。一旦发现了例外，我们的任务便是引导来访者详细描述替代的行为。例外描述得越详细，对于来访者行为改变的作用就越大。有一位具有广场恐惧症的来访者甚至不敢走到门口。在听她讲述了自己多么恐惧之后，咨询师询问她是如何做到每天走下门口的楼梯的。来访者对这个问题感到很吃惊，然而她开始描述每天早上要同自己斗争，并用一种很“笨”的方法下楼梯。接着，咨询师让她描述每天早上是如何打开门取走牛奶的。为了拿到牛奶，她在门口像举行仪式一样来回徘徊。这些年，来访者所注意到的是那个被问题折磨的自己，而没有注意到她每天早上的勇气，她总在责怪自己的软弱。随着治疗向好的方向扭转，来访者可以看到另一个视角下的自己，问题便有了解决的可能性，因为她其实每天早上都已经成功地克服了它。几周以后，她开始逐渐独自出门，最开始是去附近的商店，然后渐渐去更远的地方，直到例外的行为成为了“规则”，而恐惧变成了例外。

从早期的例外取向到今天，SFBT 实践有了很大的发展，然而核心的假设仍然是：人们不可能完全处在一种行为模式中，无论问题模式是多么顽固，总有例外存在，那个时候我们一定在做不同于问题的事情，如果足够重视，它将会成为解决方案。

43

未来已经发生的例子

近年来，焦点解决咨询师开始在实践中寻找来访者的希望已经成真的*例子*，而不是寻找例外。（George *et al.*，1999：27）这样的探寻会更容易，并且比寻找例外更加有效，因为在咨询师刻意寻找例外的时候，容易让人觉得他在避讳谈问题。并且，希望成真的例子与来访者所期待的结果联系更加紧密。

对于我们称作“例子”（期待的未来已经发生）的探寻，可以回到第 4 个关键点中提到的“首次会谈公式”，也就是在每次会谈结束时，邀请来访者开始在生活中注意那些想要保持的事情。然而在 10 年以后，它才在焦点解决实践中扮演应有的角色。

聚焦于例外和聚焦于例子的区别可以通过我们的一个案例来说明。一对夫妻带着他们 7 岁的儿子前来咨询，他们抱怨孩子说脏话。我们很容易地找到了例外并进行发掘，在第二次会谈时，这已经不再是个问题。然而，这次会谈中，父母开始抱怨孩子吃饭时的坏习惯。当然，这个问题在下一次会谈时又被一个新的问题所取代。咨询师感到很茫然，因此决定在下一次会谈前与同事进行探讨。那时候，这对夫妻也开始意识到，问题出在他们自己身上。通过深入内心世界的分析，他们发现两个人其实并不想要孩子，而同意要孩子只不过是出于对对方的考虑。因此无论孩子怎样表现，都无法使他们满意。他们感到愧疚，想成为坚定的父母。咨询师没有聚焦于例外去纠正错误，而是开始通过会谈面向一个成功的未来。结果，尽管他们有所保留，然而双方都很投入会谈过程，并且发现，一旦不去看孩子不好的一面，孩子还是有很多值得喜欢的地方。而他们喜欢的地方恰好与自己做父母的希望相吻合。*这也说明，离开那个你不想去的地方，并不意味着你一定可以达到你想去的地方。直接围绕想要的结果进行工作，会让治疗变得更加高效。*

44

清单

稍后我们会探讨量尺在探寻例子过程中的重要作用。另一个重要的工具就是*清单*。焦点解决会谈并不是一个容易的过程：咨询师必须要努力寻找可以提出的问题，来访者也要努力寻找答案。无论是寻找例外还是例子，一定不能轻言放弃。

第一次在焦点解决治疗中使用清单的案例说明坚持的重要性。一位缓刑检察官需要对自己的来访者定期跟踪会谈，他刚刚在 BRIEF 接受了 SFBT 的训练。来访者是一名惯犯，刚刚出狱不久，声称自己厌倦了过去的生活，想要“改过自新”。这位检察官是焦点解决的初学者，不知道如何才能做到坚持。他的督导师建议，可以尝试做一个课上使用过的练习：询问对方 35 个在工作中擅长的事情。于是，检察官对来访者说：“告诉我从上次见面到现在，35 个你尝试改过自新的事情。”来访者一开始比较抵触，然而看到检察官坚持要求，便开始列举。半小时以后，他真的写出了 35 件让自己自豪得容光焕发的事情。一段时间后的跟踪会谈发现，他已经过上了远离犯罪的生活，有了稳定的职业和固定的亲密关系，生活非常满意。他说，正是那 35 个答案唤醒了他，让他意识到改变是可能发生的。如果检察官没有那么坚持，或许结果就会不同。

从那以后，清单一次又一次地证明了它的强大力量。究竟它为何如此高效仍然是一个谜。有时候，仅仅做这一项工作就够了。丹尼尔和他的母亲一起来咨询，母亲非常担心他在学校的表现可能会让他被开除。他在家里的表现也很有问题，但她觉得自己可以处理。在预约咨询两周后，她来到咨询室，说她最希望的是“丹尼尔能够解决自己的行为问题，尽管他最近非常努力地尝试表现好，并且也获得了学校良好的反馈。”咨询师询问丹尼尔他母亲所说的是什么意思，并且在接下来的30分钟，丹尼尔列举出20个好的行为。接着，咨询师让他的母亲也列举丹尼尔20个好的行为，并且问她：“如果丹尼尔在两周以前做到了这些，你是否还会要求前来咨询？”母亲笑了，回答说不需要。至此咨询就结束了，所有的工作都是由来访者自己完成的。

在另一个案例中，一位十几岁的单身母亲同时有学习障碍和身体障碍， 被转介前来咨询，因为政府怀疑她是否有能力做一个合格的母亲。她承认自己不够称职，15岁时有了第一个孩子，那时候她无家可归，吸食海洛因，但却没有意识自己到对这个刚刚六个月的婴儿做得如何。于是咨询师询问她怎样才能觉得自己是一个好母亲。当列举到第37个的时候，这位年轻的母亲发生了身体上和智慧上的改变。她直起身，用一种自信的语气讲话，眼神明亮。她的最后一个回答与以往有很大的不同，她不确定自己是否能被理解：“我知道我的孩子听不懂我说的话，但我还是忍不住要和他讲话，但我知道他听不懂。”负责照看她的社工简直无法相信她会谈之后发生的变化。几个月后，她的表现仍然十分惊人，她的第一个孩子被接回到身边由她亲自照料。在那次会谈后的6个月，《*Guardian*》上发表了一个研究，称从刚一出生就听人讲话的孩子发育要比其他孩子更快。咨询师将这篇文章发给了这位母亲，对她说：“你比《*Guardian*》提前6个月就知道了这一点。”

除了坚持，成功的清单需要确保所有内容直接与咨询希望的结果相关。然而，这个清单仅仅用来推导出期待的未来已经发生的例子；如果要求来访者列举出35个希望未来发生的事情，如此多需要完成的事情或许会吓到来访者，以至于无法采取任何行动！

45

没有例子，也没有例外时

有时候，来访者很难想到问题的例外，或是期待的未来已经发生的例子，或者更多的时候，这些例子和例外并不显著。有时候，来访者甚至会觉得，这些微小的例外进一步强调了事情有多么糟糕。在这种情况下，需要记住，来访者正坐在你面前。他们来到这里一定有一个“很好的理由”（不仅仅是被人要求），而且一定会希望有一些变化。而这些希望一定是建立在已有的经验之上，尽管这些经验或许被来访者忘记了。焦点解决短程咨询师与其他流派的咨询师相同，需要时刻伴随来访者。就算不去寻找也不去使用关于问题的信息，他们通常也需要意识到来访者的痛苦，并与它们“同在”。对一位因为自杀而住院长达 2 年的来访者询问：“你究竟是如何做到每天坚持起床的？”对一位几乎要离家出走的母亲询问：“你是如何做到面对他那些不良行为的？”这些并不是独立的问句，它们通常跟随着来访者所描述的困境，带着好奇去探寻他们是如何在问题下继续生活的。通常，这样做会让来访者更能意识到例子（instance）和例外（exception）。这些“继续生活”或是应对的问句将在第 55 个关键点中详细介绍。

100 KEY POINTS

焦点解决短程治疗：100 个关键点与技巧

Solution Focused Brief Therapy:
100 Key Points & Techniques

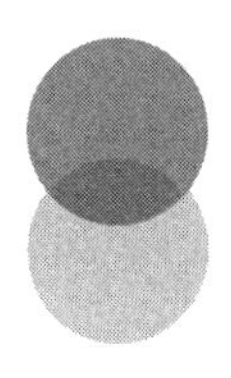

Part 7

第七部分

衡量进步：运用量尺问句

46

量尺问句：对进步的评估

我们在第5个关键点提到过，SFBT从初期就开始使用量尺问句（Scale Questions），而这个技术目前已经被很多咨询流派使用，包括认知行为疗法。*焦点解决量尺被用来让来访者聚焦于面向未来进步的程度*，而不是用来评估他们的问题严重程度。一旦来访者了解了他们处在量尺的什么位置，可以邀请他们去思考，什么会让他们自己（或他人）认为他们已经比这个分数更高了。重要的是要记住，量尺是来访者视角下的情境，而不是一个科学测量！

在上一章的最后，我们已经看到，我们可以要求来访者直接找到过去成功的例子。即便已经进行了这项工作，我们仍然可以去探寻来访者认为自己在实现希望的道路上获得了什么样的进步。有时候，咨询师听来访者谈论了很多已经做得很好的事情，然而在询问了量尺问句后，惊讶地发现来访者说仅仅达到了1分。这其实恰恰让咨询师避免从自己的角度思考问题——来访者自己认为还有很多事情需要做。反之亦然，咨询师可能认为离目标差得很远，然而来访者却说自己达到了9分！

因此，咨询师可以从未来描述直接进行到量尺。我们认为，最好的方法是在来访者描述了未来*之后*才使用量尺。很多案例表明，来访者在探索了未来之后，分数要高于过早询问量尺后的分数，因为那些时候他们还在关注问题，而不是期待的未来。

最简单的量尺是，10分代表期待的未来，0分代表最糟糕的情况（有些人使用1分而不是0分）。一般我们对来访者不使用“期待的未来”这样的术语，而是说“10分代表你刚刚描述的那些未来生活中的变化”。非常重要的一点是，10分代表期待未来的呈现，而不是问题的消失。

47

量尺上的 0 分代表什么

有时我们需要仔细思考 0 分代表什么。与其他流派不同的是，SFBT 通常不让来访者想象最糟糕的情形。因此我们对 0 分代表什么的界定十分重要，以便来访者可以持续聚焦于他们的进步，而不是他们所担心的事情。

我们可以说“0 分代表最糟糕的情况”（不需要让来访者详细描述这个情况），或者“0 分代表曾经出现过的最糟糕的情况”。我们希望来访者的分数要高于 0 分，这样可以让他们记住有用的事情，而 0 分很可能会对此造成阻碍。关于来访者给出 0 分的情况我们稍后再讨论。将 0 分界定为低于来访者目前的状态，则会避免出现这样的情况。举例来说，婚姻岌岌可危的夫妻可能会将 0 分定义为离婚。在母亲和 9 岁儿子的案例中，他们担心社会工作机构会将儿子送到寄养中心，因此，咨询师说，“0 分是社会工作者认为情况太糟糕了，必须要把儿子接走。”因为这样的描述符合他们之前所担心的最糟糕的情况，所以这样说是可以被他们理解的。然而，在另一个案例中，一位 16 岁的男孩的 0 分代表“你的母亲想把你赶出去，你的好朋友也不想认识你”。但是咨询师并没有任何的证据证明这是可能会发生的，他仅仅是猜测这些是来访者所担心的事情。男孩承认他的母亲有可能会这样做（“她前几天刚刚威胁我说要把我赶出去”）。然而紧接着，他否认了关于好朋友的说法：“他们永远不会不想认识我。”于是咨询师将这一项内容从 0 分代表的事情当中删除，并且意识到自己险些因为这些假设而失去来访者的信任；接着，来访者打了 4 分。因此关于量尺的一个经验法则是：尽可能模糊地描述 0 分所代表的内容，例如，“0 分代表（与你所期待的未来）完全相反”，或者 0 分代表最糟糕的情况，例如，“0

分代表你再也不想起床了”。

还有一种有意思的表达是：0 分代表你决定预约咨询的那一刻。这能够鼓励来访者去仔细思考会谈前改变。德·沙泽尔（2001）认为，如果我们说 0 分代表“最糟糕的时候”，通常来访者给的分数会高于 0 分。

48

不同的量尺

上一章讨论了几乎每一次焦点解决会谈中都会使用的宏观的量尺。然而，有很多不同的量尺问句适合不同的来访者。

10 分代表来访者期待的未来实现的样子。然而在有些案例中，未来包含了很多的元素。如果咨询师将这些元素混合在一起，来访者的打分则是这些进步的平均值。

比如说，来访者在首次会谈时的 10 分代表独立生活，有一份工作，学习驾驶，买一辆车，找一个女朋友，还有处理好自己的精神疾病。在第二次会谈时，似乎将这些不同的元素进行拆分对来访者比较有好处，于是来访者和咨询师一起进行了微调，使用了*多重量尺*。他们将每一项目标都看作一个单独的量尺，而有些内容可能会有交叉。结果十分惊人，他们发现，任何一个量尺上的一点点小进步，都可能会对所有的目标产生积极的影响。

在使用宏观的量尺之后，通常我们会使用一个*信心量尺*。咨询师邀请来访者对实现期待的未来的自信从 0 到 10 打分（或是在特定的时间范围内增加 1 分）。这样做的目的是，如果来访者有一些信心，我们便可以询问是什么让他们觉得有信心，根据自我了解（或是他人的了解）哪些事情能让他们觉得可能会获得进步。这样可以进一步进行赋能，让来访者做出对自己有好处的改变。然而，如果来访者表示他们的自信水平较低，则咨询师可以利用这个信息，例如，询问来访者如果事情没有变得更好，他们可能会如何应对。*一些咨询师认为，如果来访者的自信分数低于 5，那么很可能无法带来改变，因此可以使用应对问句*。如果可以的话，使用*应对量尺*：

10 分代表能够很好地应对，0 分代表完全无法应对。

如果是夫妻进行咨询，咨询师可以分别让夫妻双方猜测对方可能会打几分。例如“你觉得她怎么看待你们现在的关系？”（转向她：“一会儿我会问你究竟是怎么看待的”），或者“你认为，在 0 到 10 分的量尺上，他会给你们这段关系维持下去的重要性打几分？”他们或许认为自己知道对方的想法，然而当他们猜错了的时候，咨询师可以询问打得分数较高的那一位，他 / 她看到了哪些对方没有看到的事情。

量尺通常在咨询师和来访者的会谈当中使用，然而对于如何使用，并没有什么限制。例如，和儿童进行咨询的时候，常常会让他们自己画一个量尺，并写下自己现在在哪里。如果儿童年龄较小，也可以使用“量尺漫步”——把量尺从墙的一端画到另一端（或者用椅子等道具），当描述进步的时候，往高分的方向走一步。当与家庭进行工作的时候，每个人都可以写下或是站在自己认为的分数上，咨询师可以把分数加起来（或是让家庭中的孩子来做这个工作），然后算出平均数。

49

过去成功的经验

“你都做了什么让你打到 3 分呢？”

量尺的主要目的是找到来访者已经有的进步。焦点解决的初学者通常会比较急于让来访者谈论他们在量尺上前进。我们通常建议他们尽力去寻找 4 件他们已经做过、在未来可能会继续做的事情。

我们经常会听到来访者说自己“才 3 分”，然后开始解释为什么自己打了这么低的分数，他们会说“我这也没做，那也没做”。很多咨询师，特别是焦点解决的初学者，容易忍不住打断来访者，告诉他们 3 分其实已经是一个非常好的分数，引导对方用“积极”的视角来谈论这些事情。我们需要提醒大家回忆一下第 17 个关键点中比尔·奥汉隆的建议：我们应该一方面认可，一方面保持对可能性的开放心态。（O’Hanlon & Beadle，1996）也就是说，来访者的失望和挫败感首先应被咨询师承认 。比如，“所以，看起来你打的分数还没有与你希望的一样高，因为你这周又忍不住发脾气了。所以我很想知道你是怎么打到 3 分，而不是更低呢？”如果在这个案例中咨询师用了带有转折语气的“但是”“不过”等词语，或许来访者会觉得咨询师没有看到自己的失望，就好像咨询师在说“不可能那么糟糕吧。你毕竟还打了 3 分呢！”

另一个有用的问句是“你曾经在这个量尺上达到的最高分数是多少？”来访者现在表示他们“只有”3 分，然而两周以前，他们可能达到过 6 分，因此可以问他们达到6分的时候都做了些什么。因为任何的成功经历都有可能成为有用的焦点，尤其是那些与来访者期待的未来有关的事情具有非常重大的价值，这样询问会让来访者看到这些成功的经历，并相信自己有能力未来再次实现。因此，这样询问的目标是尽可能获得细节，例如使用第44个关键点中介绍的清单技术——“告诉我10件让你达到3分的事情”。

所有这些问句——你是如何做到3分的？你在6分的状态下都做了些什么——都用来增加来访者的资源和力量。 有很多其它的问句都可以帮助实现这个目标。例如在焦点解决取向的会谈中，邀请来访者从其他重要的人的角度来看待自己价值:“你的伴侣、领导、母亲会认为你做了哪些对你有帮助的事？你做了这些事情后为他们带来了哪些不同？”

我们可以将来访者的回应看作是*策略*（Strategy）和*认同*（Identity）（见第63、64个关键点）。当询问来访者是什么让他们达到了3分时，他们所回答的内容都是在未来可以继续使用的策略。当问到是什么让来访者可以做到这些的时候，来访者会描述自己具有什么样的品质，则这些内容就可以看作是认同自我问句。

通过下面这个例子可以看出找到来访者过去的成就，让来访者注意到它们并能够描述出它们的重要性。一个12岁的男孩来进行咨询，他患有阿斯伯格综合征。他认为未来导向的问题很难回答，但却非常喜欢量尺：在第一次会谈中，他非常仔细地在量尺上记下他处在2.5分。接下来每一次会谈时都会询问他到达了几分，以及他是如何做到的。然而他认为这些会谈太难了，他不喜欢被问这么多的问题。当他达到5分的时候，他又被问到他是如何坚持进步的，他不停地说“不知道”，然后非常生气，想要知道为什么要问这么多的问题。咨询师问他，如果你不知道怎样达到的5分，你又如何能够知道怎样达到6分呢？他想了想，说“你说得对”，然后开始很努力地回答问题。

50

足够好

“那么，你现在打了 3 分。你觉得达到几分你就会觉得‘足够好’了呢？”

有时候，咨询师会感觉来访者的 10 分是不现实的。比如，来访者描述的未来是“完美的”或“理想的”一天。尽管我们并不建议咨询师去思考如何把来访者期待的未来变得更加真实——毕竟那是来访者的人生，而不是咨询师的——然而咨询师可能会想要让会谈更加“落地”。量尺本身就具有这个功能：无论 10 分看起来多么的不现实，一旦来访者说出了自己处在什么分数，他所思考的事情就是“现实的”，并且可以鼓励他们聚焦于提高 1 分会是什么样子（而不是怎样达到 10 分）。

通过询问什么分数是“足够好”的，既可以接纳来访者的 10 分状态，也可以帮助他们更加落地。很少有人会说“必须是 10 分！”有一位硬化症患者对奇迹问句有很多个回答，就好像咨询师真的可以神奇地恢复她的身体。当问到她现在是几分时，她回答说“2 分”。然后他们对此进行了讨论。接着，咨询师问，达到几分她就会觉得自己已经取得了很大的进步？她回答说：6 分。这样，量尺就从 0 到 10 变为了从 0 到 6。

很多焦点解决实践者只是偶尔会使用“足够好”的问句，然而也有人选择每一次都这样询问。或许他们会这样问：“没有人是完美的，你希望你自己在哪里呢？”

51

提高分数

“什么会让你觉得你提高了一分？”

量尺最重要的功能是帮助来访者和咨询师探索已经做到了哪些事情，以及如何做到的。通常，这样询问已经足以使来访者自己找到接下来该做什么，特别是在描述非常详细的时候。然而，通常咨询师会继续询问来访者如何注意到他们的分数又提高了 1 分。将焦点放在这 1 分上（而不是直接跳到 10 分），可以让来访者具体描述出那些能够让自己和他人注意到的进步行为。这里存在一个关于自我实现的预言，所有未来导向的会谈都会有所涉及：如果来访者详细描述他们未来的行动，他们将更容易注意到自己真的做了这些事情。然而，在下一章中，我们会探讨为何尽量避免让来访者制定一个“行动计划”。

一些焦点解决实践者用清单的方法提高量尺分数，例如“告诉我 20 个你知道你自己正在进步的事情”。然而我们并不建议这样做。当要求来访者具体列举未来的事情时，很可能他们会将这些内容看作是一种压力，需要全部做到。我们只将清单用在过去的行为，用来强调那些已经做到、并且在未来可能会重复做的事情。

52

“迹象”还是“一小步”

我们究竟应该询问“如果你提高了一分，会有什么迹象？”还是“你接下来需要做什么来提高一分？”

初学者很可能会选择第二种，因为这看起来更直接：它将来访者放在当下，并且可以形成一个*行动计划*。而第一种问法更加“柔和”，更加具有反思性，仅仅去注意迹象并不需要来访者承诺任何特定的行为。

这两种方法都是有用的，不要求咨询师必须用哪一种：一些来访者会希望咨询结束时能够带走一个行动计划，因此咨询师可以满足他们的愿望。然而，近期的研究表明，这两种不同的问句表现出了取向上的差异。我们认为，“迹象”的问题更符合焦点解决取向。

哈利·科尔曼（Harry Korman）这样认为：

> 我们很自然地会提问：“你需要做些什么才能再提高一分呢？”有一次，我对一个年轻的来访者问了这个问题，他回答说：“这是你的工作，我要是知道答案，还用得着来找你吗！！！”我向他道歉，并问他我是否可以试着问另一个问题。他点点头，我问：“你如何能够知道你提高了一步呢？”他笑了，回答说：“这就对了，这才是我能回答的”…… 回答他们应该做些什么的问题，意味着他们

需要做一些事情，然而他们做不做与我们无关。

（*de Shazer et al.*，*2007*：*64–65*）

这体现出了焦点解决取向实践的一个关键原则：完全以来访者的希望和能力为中心，让他们做自己要做的事；焦点解决不去督促来访者做任何特定的行为。当来访者被要求具体化那些他们必须要做的事情时，通常是由于咨询师认为，除非会谈得出了一些具体的行动计划，否则整个会谈就只是在聊天。正如哈利·科尔曼所指出的，当询问来访者“你需要做一些什么……”的时候，来访者很可能会回答“我不知道”，然后等待咨询师回应他们是如何认为的。询问“你怎样能够知道……他人怎样能够知道……”可以让来访者进行更加认真地思考。

53

当来访者打 0 分时如何应对

每一次焦点解决的工作坊里都会有人问这个问题。尽管来访者打 0 分的情况非常少见，咨询师仍会担心当这种情况发生时，自己应该如何应对。

咨询师首先要记住的就是比尔·奥汉隆的准则（O' Hanlon & Beadle，1996）：先*认可*，然后再询问*可能性*。仅仅是一点认可都会起到很大的作用。来访者打 0 分是在用这样的方式表达现在的情况有多么的糟糕，他们需要知道我们听到了他们所表达的。初学者有时候会急于让事情变好，因此可能会说“你说你在 0 分，但是你还是来到这里做咨询了”。这个“但是”暗示了他并不觉得事情像来访者说得那样糟糕。用递进代替转折会带来完全不同的效果：“天哪，看来事情确实很困难，那么我在想你是怎么做到今天来这里进行咨询的？”

在认可了来访者的困难之后，可以询问“为什么不是 –1？”可能来访者会回应“我不知道还有负分！”通常咨询师可以等待一会儿，让来访者思考一下。

一位海洛因成瘾的年轻母亲来 BRIEF 进行咨询——社工担心她 2 岁女儿的安全。德·沙泽尔在她打了 0 分之后等待了一会儿（0 分代表在预约咨询时的状态），然后，他问道：“你是怎样做到没有让分数变得更低的呢？比如到 –1？”她说：“已经不能再糟了。”过了一会儿，他问：“你确定？”她看了看她的女儿，想了一会儿，然后说：“可能会更糟。”接着，他们开始探讨如何不让事情变得更糟。

另一个来访者在被询问到为何不是 –1 时，说如果那样她可能会自杀，她说她之所以知道是因为以前曾经有过这样的感觉。当问到她现在如何做到不再有这样的感觉时，她说那样对她的儿子来说实在是太不幸了。于是咨询师问她，鉴于之前所描述的与母亲糟糕的关系，她是怎样做到想要成为一个慈爱的母亲的。

另一个案例中，当询问来访者为何不是 –1 时，她回答说，现在已经是最糟糕的情况了。咨询师别无选择，只能够询问“你如何知道你已经前进到了 1 分？”，她继续谈论她会对社工说些什么，包括她独自来做咨询，因为社工曾经提出要陪她一起来。

咨询师需要记得询问打 0 分的来访者最近一段时间最高的分数是多少。有一位来访者在会谈前给咨询师打电话，说她约好了当天下午去看医生，因为她感觉很不好，但她想要取消预约，因为她觉得自己忍受不了，并且也“没有意义”。咨询师询问她打这个电话希望获得什么。她回答说：“你问我一些问题吧，就像我们做咨询的时候问的那些一样。”咨询师问：“你希望我问你一些什么问题？”她回答：“0 到 10。”“好，那么从 0 到 10……”“0 分！”咨询师还没有问完，来访者就给出了答案。在认可来访者的难处，并倾听了很多细节以后，咨询师问她，在之前一周里，最高分是多少。她回答“4 分”。那是两天前她去看她的姐姐。对话接下来讨论那时有哪些不同，最后，她说自己感觉不那么绝望了，并且同意不取消和医生的预约。

54

当来访者的打分看起来不现实

如果在第一次会谈时，来访者给自己打 10 分，我们该如何应对呢？这通常说明来访者并非是自愿前来会谈的。他们不认为自己有问题，但其他人觉得他们需要咨询——可能是重要的人或是有权力的人，让他们不得不出席。这些来访者通常希望转介者能够“别来烦我”。

在这种情况下，咨询师有理由接纳并倾听来访者如何认为自己已经达到了 10 分，然后探讨其他人，通常是转介者，会认为他们可以打几分。在此之后，咨询师可以探寻其他人会注意到哪些迹象说明来访者正在前进，然后愿意“不去烦你”。

有时候，出于类似的原因，10 分可能会在后续会谈中出现。例如，护士在发现一个 3 岁孩子身上的瘀青后，给社工打电话，孩子的父亲承认在母亲出国期间，曾经肉体虐待他的女儿。这个 3 岁的孩子被送到寄养中心照看，母亲回国后，父亲同意住进旅馆，这样母亲可以把女儿接回家。家庭治疗师需要决定父亲是否可以回家住，他们要求夫妻双方共同参与治疗，因为他们也发现了家庭暴力的情况。在一次会谈中，社工、家庭中心的工作人员（负责照看孩子）和夫妻双方都被要求在量尺上打分，10 分代表孩子和母亲在家中是安全的，0 分代表和孩子被送到寄养中心时一样的不安全。社工打了 5 分，家庭中心的工作人员打了 6 分，母亲打了 8 分，而父亲打了 10 分。每个人的分数都被仔细对待，包括孩子的父亲。咨询师仅仅询问，如果提高 1 分，看起来是什么样子。在下一次会谈中，社工认为已经达到了 6 分，中心工作人员 7 分，母亲 9 分……而父亲打了 20 分！在几次会谈之后，父亲被允许回家过夜，然后可以和家人一起度过周末。几个月后他被允许和家人住在一起。

在另一个案例中，父母坚持否认他们酗酒，而他们的孩子被社工接到寄养中心照看。然而母亲出现了严重的倒退，某一天她离开家在外面饮酒狂欢，险些失去性命。当她回来以后，她承认需要有人帮她戒酒，而父亲仍然遮掩他酗酒的程度。在第二次会谈中，这对夫妻看起来光鲜亮丽，当被询问量尺问句时，他们都回答 10 分，并要求咨询师建议社工同意将孩子接回家。他们说现在在酒吧里只喝橘子汁。当问他们觉得社工认为可以打几分时，他们很不情愿地回答 3 分。当问到他们觉得社工会看到什么迹象，认为他们可以把孩子接回来时，他们非常具体地说道："我们需要出席所有的治疗，我们需要停止告诉孩子去打破寄养中心的窗户……"

最后一个案例。斯考特·米勒（Scott Miller）在密尔沃基的 BFTC 工作期间，在伦敦主持了一次药物滥用的工作坊，BRIEF 进行了现场督导。他见到了一对海洛因成瘾的夫妻，当时团队成员都对他们束手无策。这对夫妻认为自己处在 4 分的位置。当问到他们 5 分看起来是什么样子时，他们说："重新分房子。"我们作为观察者都叹了一口气。如果这样他们才能达到 5 分，那需要等好长时间！米勒并没有犹豫："那么 4.5 分呢？"这使得这对夫妻开始努力思考*他们*能够做的事情。

100 KEY POINTS

焦点解决短程治疗：100 个关键点与技巧

Solution Focused Brief Therapy:
100 Key Points & Techniques

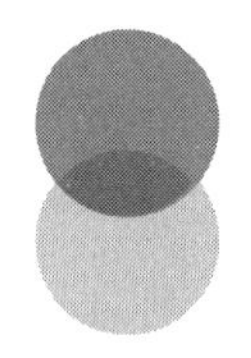

Part 8

第八部分

应对问句：当事情很糟糕的时候

55

处理困难的情境

当来访者谈论到困难，甚至是创伤事件时，焦点解决咨询师可以使用的问句就是*应对问句*（Coping Questions）。这个问句是由密尔沃基的团队设计的，可以让来访者找到他们忍受困难情境的能力和优势，无论是来访者感到受伤害，还是焦虑，或是抑郁，或面对外部事件，例如糟糕的住房或是虐待与种族歧视等。在类似的案例中，咨询师或许无法直接帮助他们解决这些问题，但他们或许可以帮助来访者用“最好的状态”应对问题。比如说，如果来访者选择使用酒精和药物来应对问题，那么咨询师很有可能帮助他选择另一种方式。咨询师可以询问他什么时候最能控制药物，什么时候喝酒少一些，这会对他很有帮助，同时还能够聚焦于他*想要*的应对方式。在第 66 个关键点中我们将详细讨论应对问句的具体问法。

在第 33 个关键点中，我们提到，当遇到来访者丧失亲人的情况时，我们可以去探寻他们是如何应对的（或许曾经有过应对丧失的经验），因为丧失亲人并非一个人本身的问题，而是外界发生的问题。确认来访者想要谈论什么也是非常重要的。一位来访者在会谈中说到，在上次会谈后的几周时间里，他的父亲去世了。在倾听了这段时间里究竟发生了什么之后，咨询师询问来访者通过今天的会谈希望获得什么。他本以为来访者只想继续谈论他的丧失，以及他是如何应对的。然而，由于咨询师对来访者有一定的了解，他猜想来访者也会想要谈论丧失父亲对他自己的未来会带来什么不同。来访者思考了一阵后，说到他与父亲的关系不太好，因此尽管他感觉到悲伤，然而依旧觉得某种程度上得到了解脱。在会谈结束的时候，来访者计划去他父亲的坟前，“告诉”他自己打算如何过自己的人生。

应对问句可以帮助来访者应对坏消息。弗农山（Mount Vernon）医院癌症治疗中心的肿瘤咨询顾问罗柏·格林琼斯（Rob Glynne-Jones）博士，为 BRIEF 的一位 55 岁的患者进行了一次评估。他的下巴上患有肿瘤，需要做脸部的部分切除手术。可以想象，当他听到这个消息的时候，整个人因为震惊而僵住了。咨询顾问同情他的困境，并轻轻地询问他过去是如何应对重大创伤的，他无法想象患者这个年龄的人从来没有应对过任何形式的重大问题。患者想了一会儿，然后描述了他如何应对一位非常重要的家庭成员的离世。这次对话让他开始思考如何让自己准备好应对即将到来的考验。

癌症关怀是焦点解决问句能够发挥价值的一个重要领域，可以帮助绝症患者思考他们想要如何度过余生。我们建议对该领域感兴趣的读者参考乔·西蒙（Joel Simon，2010）的工作内容。

56

没有让事情变得更糟

“你都做了哪些事让事情没有变得更糟？”

这也是密尔沃基团队传下来的非常有用的问句。当来访者正在描述一个非常困难的情境时，我们可以问来访者为什么是 0 分而不是 -1，这个问题可以让来访者找到他们的应对策略。探寻他人认为来访者是如何没有让事情变得更糟，也是一个非常有用的视角。一位无家可归的来访者每天在楼道里睡觉。他说他有自杀倾向。他由社工陪同前来咨询，咨询师询问他是如何在这样困难的环境下活下来的，并和他谈论他是如何做到每一次都前来咨询，对咨询师很有礼貌，尽可能让自己保持干净整洁等等。咨询师以此作为开场，来探寻来访者的能力。

咨询师可以询问一个自信心的量尺（见第 48 个关键点），即来访者认为避免让事情变得更糟的可能性有多少。就像前面谈到的，低的分数需要足够地重视，这说明来访者认为事情还可能变得更糟，因此接下来需要询问来访者有哪些可以生存下来的选择。咨询师也需要决定是否需要采取一些关怀的行动和职责，以便确保来访者的安全。

100 KEY POINTS

焦点解决短程治疗：100 个关键点与技巧

Solution Focused Brief Therapy:
100 Key Points & Techniques

Part 9

第九部分

结束会谈

57

思考暂停

在焦点解决会谈结束前的 10 分钟左右，很多咨询师会花几分钟的时间休息一下——思考暂停。一些人会离开咨询室，二三分钟后回来；一些人会和来访者在一起，但不进行目光接触，低头看自己的笔记，或是随手记下一些想法。在这样做之前，咨询师可以这样告诉来访者：

> 我要花一点时间休息一下，思考一下我们所谈到的内容，之后，我会分享我的一些想法。在我分享之前，我能否问一下，你觉得我们今天谈论的是否是你想谈论的事情？还有什么你想要告诉我的？还有什么我应该询问，或是你忘记说的吗？

假设来访者回答说“没有，我觉得我们一直在谈我想谈的事情，我没有什么别的要说的了”，通常来访者都会这样回答。那么接下来，咨询师可以进行“思考暂停”。

那么，暂停的目的是什么呢？暂停在系统治疗、家庭治疗等涉及单面镜（one-way mirror）观察的治疗方法中十分常见，在会谈结束前 10 分钟，咨询师会去咨询他的同事们如何进行反馈。系统治疗的结束阶段是至关重要的，在这个阶段，治疗团队会形成干预方案，通常是一个任务。而对于很多家庭治疗师而言，提供干预措施是产生改变的核心。此外，艾瑞克森催眠流派也注意到，当咨询师回到咨询室的时候，来访者看起来具有一种“高度集中”的状态，似乎有一点恍惚的感觉，因此，他们认为，这个时候最应该提供咨询建议。

然而很多焦点解决的会谈并没有观察团队，并且恍惚的状态在焦点解决的传统里并没有很重要的地位，那么为什么焦点解决实践者们依然要用“暂停”来整理自己的思路呢？答案很简单。用这种方式，更加容易回顾并且公平地对待50分钟里来访者所说的以及咨询师听到的内容，并对此进行回应。“思考暂停”意味着：花二三分钟的时间整理来访者所谈到的内容，以及咨询师想要反馈给来访者的内容。

58

认可与欣赏

德·沙泽尔的著作中有一个核心的主题：期待。早期，他认为，“咨询师与来访者围绕有用的和满意的改变建构出期待是非常关键的”（de Shazer，1985：45）。焦点解决实践者非常注重建立期待，无论是咨询师还是来访者，都希望咨询能够有好的效果，来访者能够有进步。这些期待在咨询师思考暂停后对来访者的反馈中会有所体现。

举例来说，某次，一位叫保罗的年轻人前来咨询，他年仅20岁，然而生活已经被疾病所占据，但医生并不重视他的病情。咨询师在思考暂停后，说了以下这番话：

> 保罗，我想任何听了你诉说的人都会很清楚你的困难，不仅仅是你的健康，你在医院的遭遇，你的疼痛，还包括医疗行业不能够很好地处理你的情况。正如你所说，就好像活在一个永远不会结束的噩梦中。同样，作为一个年轻人，你以超乎寻常的能力继续坚持着，在你的生活中保持希望，不停地斗争，让人们认真对待你的问题，以便获得足够的医疗支持。除此之外，你非常坚定地维护你生活的希望以及你的未来，你坚持希望做一个对他人有用的人，即便是最近情况不太好，你依然决定改变你的行动，尝试去独立生活。你更多地走出去，和其他人保持联系，就像你所说的，“活过来了”。你非常清晰未来的目标，以及我们会谈之后想要获得的改变。你的脑海里对那些事情变好的迹象有一个

清晰的图像。并且，你自信能够进步的分数是“10 分”，并且这些自信也有足够的理由。

在这个例子中，包含了四个关键的元素：

- 认可来访者的困难；
- 来访者取得进步所具备的能力和品质；
- 为了实现“希望”所采取的行动；
- 希望的迹象。

后三点很好理解，然而为什么要“认可”呢？因为如果咨询师仅仅总结了关于可能性的部分，来访者可能会觉得咨询师并没有真正理解自己目前所处的情境和所面临的困难。在这种情况下，来访者自然会提醒咨询师自己问题的严重性。然而这不是焦点解决实践者希望结束会谈的方式，简单的认可可以让来访者感觉自己被理解。

59

提出建议

在第 4 个关键点中介绍 SFBT 历史的过程中，我们提到了布置任务的关键作用。德・沙泽尔增加了“万能钥匙”的任务类型（de Shazer，1985）。由于并非针对来访者的问题而提出的解决方案有时也能带来改变，从而产生了对“问题形成”和“发展方案”二者的区分，这对他的观点产生了很重要的影响。德・沙泽尔设计了“首次会谈公式任务”：“在我们下一次见面之前，我希望你可以去观察一下，你的家庭（或生活、婚姻、关系等）中发生了哪些你希望继续发生的事情”（1985：137）。这个问句适用于任何问题。德・沙泽尔发明的另一个任务是：“我想让你做的是，在下次会谈之前，每当‘它’发生的时候，你都可以尝试一些不同的事情”（1985：122）。这个任务可以应用于任意“它”，而那些“不同的”事情也可以是任何事情，只要和以前有所不同就可以。德・沙泽尔非常喜欢任务，它为来访者创造了很多任务，例如“假装奇迹已经发生了”“结构式争吵”“读－写－烧”“投硬币”、预言任务和简单的注意任务等等。

出于最小限度干预的原则，随着这一取向的不断发展，焦点解决领域不再聚焦于外部的干预措施。很多实践者仅仅在常规的咨询中使用简单的“注意”建议：“在下一次会谈前，你可以尝试寻找那些生活中向着你的希望发展的事情”。需要注意的具体内容需要与会谈的内容相关，并且对来访者有意义，然而关键在于让来访者不再高度注意那些问题模式，而是去注意那些可以成长的部分。焦点解决的假设是：事情会因我们的聚焦而成长。而过多地关注问题则会导致问题的成长。

另外一个变化是将“任务”或是“家庭作业”改为“建议”。因为“任务”或“家庭作业”容易产生关系上的差异，暗示了一种阶层的观念。显然患者无法为医生开处方，学生无法为老师设置家庭作业。并且，这些词汇也会让咨询师将那些没有完成任务和作业的来访者看作“阻抗”“缺乏动机”或是“不顺从”。这些标签可以掩盖咨询师的失误，并限制未来进步的可能性。然而，如果咨询师“提供建议”，则是摆出了不同的姿态。如果我们提供的建议来访者不接纳，我们需要将视角转向自己，看一看“这个建议究竟哪里不对”以及“我下一次该如何设置一个更好的建议”，或者思考“是否这位来访者并不需要建议”。这样做比较符合德·沙泽尔的观点，即无论来访者在做什么，都是他能力范围内所做的最好的事情 。咨询师的工作是去配合来访者所做的任何事情。

60

预约下一次会谈

焦点解决咨询师所面临的一个挑战是，我们应该在多大程度上以来访者为中心，认为他们“最懂自己”。这不仅仅关系到合约的建构，关系到“来访者选择的进步方式是最好的方式”这一假设，还关系到咨询的过程。我们假设来访者知道什么时候可以结束咨询，什么时候需要预约下一次会谈。这是否意味着，如果来访者需要，焦点解决咨询师要准备好可能会天天和来访者见面？当然不是这样。然而这个问题也引起我们的反思，究竟专业人士具有怎样复杂的角色。会谈的次数并非完全由来访者的意愿决定——专业工作要受到伦理和“咨询工作流程”的约束。例如来访者希望的咨询次数与合同中的 6 次限制有冲突。如果来访者愿意继续和咨询师进行工作，而咨询师在 4 次会谈过后觉得咨询并没有也不可能带来不同，该如何处理呢？在这种情况下，经过讨论和思考，如果咨询师仍然认为无法继续工作，可以和来访者进行沟通：“我不认为我们可以继续预约会谈，这与你的喜好无关，只是我不想再让你觉得浪费时间和金钱。”

同样，预约下一次会谈也并非是直截了当的，以很多咨询师的经验，会谈间隔越长，通常效果越好。这些间隔给了来访者足够的时间去做不同的事，这样当他们再次来咨询时，更有可能报告自己的进步。间隔的长度通常也取决于来访者的具体情况，例如危机个案很难在长时间的间隔过后继续保持咨询，但那些能够注意到自己正在进步的人更可能做到。

这些因素表明，我们在会谈结束时可以为来访者提供两种选择：第一，“你觉得我们是否有必要现在预约下一次会谈，还是你想要思考一下然后再告诉我？”如果来访者选择进行下一次会谈，“那么你觉得什么时候再来咨询比较好呢？两周？三周左右？”这样询问暗含了在下周进行会谈并非最好的选择。它也确保来访者知道，如果继续预约，他们自己可以选择对自己最有利的时间，而不是依据事先设定好的合约。来访者再次进行会谈的原因是他们想要从会谈中获得些什么。

100 KEY POINTS

焦点解决短程治疗：100 个关键点与技巧

Solution Focused Brief Therapy:
100 Key Points & Techniques

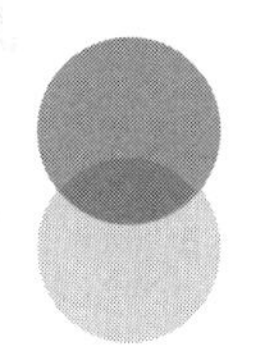

Part 10

第十部分

进行后续咨询

61

什么变得更好了

德·沙泽尔（1987：60）写道："如果你想从 A 地到达 B 地，但是不知道两地之间的具体地形，那么最好的情况就是假设从 A 地到 B 地可以走直线。" 如果我们认为治疗是在人们生活中建构变化，那开始后续阶段时，"走直线"就是问来访者："从上一次见面后，哪些事情更好了？"。

这一问题的使用是对很多咨询师的挑战。那些咨询师认为应该少给问题下定义，少关注问题，所以他们会问："从上一次见面之后，事情进展得怎么样啊？"当询问发生了什么事情时，看起来体现了更具有探索性、更加开阔的治疗模式。但焦点解决对来访者的生活以及他们是怎么样的状态并不感兴趣，焦点解决充分关注的是来访者对于"进步式叙述"的建构 。德·沙泽尔坚持"确定解决方案（进步式）取向的叙述比以抱怨为主的叙述更容易促进转变和质的飞跃"（de Shazer，1991:92）。而"从上一次见面之后，哪些事情更好了"这一问题有助于来访者集中注意力，直接关注一个非常具体的方向。 在一两次以这个问题开始后续阶段的咨询之后，来访者会说："我知道你又会问我那个问题，所以我特别观察了一下。"观察什么变好了，是焦点解决的改变过程的核心部分。

事实上，用这个问题开始会谈，也并不一定引发来访者的回应。有一些人会说"没什么更好的，还和之前一样"；还有一些人说"没什么，事实上最近更糟糕了"。因此即便每次会谈开始的问题是一样的，专业人员仍需要灵活应对来访者的反应。

62

放大取得的进展

试想一下，当我们询问“从上一次见面后，哪些事情更好了”时，来访者说“没有多少”。我们注意到，来访者并没有说“完全没有”，因此很有可能有一些事情变得更好了，而进步的内容正是焦点解决实践者所希望放大和推进的。

咨询师：从上一次见面后，哪些事情更好了？

来访者：没有多少。

咨询师：没有多少。那即便是有一点点，哪些事情更好了呢？

来访者：就像我说的，没多少啦。不过周三，我做到出门了。

咨询师：好啊。从你上次出门到这次已经有段时间了？

来访者：是的。除了看医生，好几周没出门了。

咨询师：嗯。那么对你而言，出门有多不容易呢？

来访者：真的很难。我都不认为我能做到。 无论什么时候走在路上，我只要一看到谁，真的特别就想立刻转身回家。

咨询师：这次你没有？

来访者：是的，我没有。我自己一路走到了托儿所，在门口等了一会，接上女儿汉娜后，和她一起慢慢地走回家，而不是像以前那样直接冲回家。

咨询师：好啊。这是一个相当大的成就啊？

来访者：是的。我甚至还停下来，和她的朋友苏菲的妈妈聊了一会儿。

咨询师：好。那我们回到最开始，你是如何让自己迈出大门的？

来访者：我只是告诉自己“你不能每天都在最后一秒给老妈打电话，让她把女儿送到托儿所，再接回来”。

咨询师：没错。我猜你以前也一定这样告诉过自己。这次你做了什么让结果不同呢？

来访者：我不太确定。前一天晚上我和妈妈聊了一下这件事情……

咨询师：我也猜你之前一定这么做过，那这一次是什么让你接受了自己的建议，然后出门走到了托儿所？

来访者：我不知道。可能是我开始觉得好一点了。

咨询师：好的。那你注意到什么，会让你发现自己感觉好一点了？

来访者：嗯，我想得少点了，更少想会发生什么了。

咨询师：是的。所以，你想得少些了。你怎么做的？这一定很不容易。

来访者：是的，并不容易，但是我决定去做。不仅仅为了我自己，也为了我女儿汉娜。我不能让这个混蛋把我们的生活毁了。我不会让这件事发生。

咨询师：你不会让这件事发生。

来访者：是的，我不会。他不值得我这样。

咨询师：听起来你很有决心。

来访者：是的，我现在很有决心。而且我比以前更愤怒了。

咨询师：没错。那你更愤怒了，会有什么不同？

来访者：让我面对事情的时候更加坚强，给了我力量去做事。

咨询师：这对你“做事情”和“面对事情”有帮助吗？

来访者：是的。并且我需要再多做一点。

这一小段对话展示了怎样和来访者建构一个有进一步改变可能性的新叙述、新故事。随着沟通，我们逐渐发现，像出门接女儿这样的小事，具有越来越强的重要性。在接下来的两个关键点，我们将着重讨论几个问句，这些问句有助于转变的发生。

63

策略性问句

当来访者开始发生改变，通常只是很小的一点变化，来访者自己很难发现这些变化背后的意义，他们认为这些进步只是一次巧合，或者将进步归功于他人。像这样轻视这些进步，将事件潜在的意义最小化，会减少发生更多改变的可能性。所以，焦点解决咨询师要怎样让来访者认为这不是偶然的，从而关注个体主观能动性的作用呢？为了实现这一转变，SFBT 通常采取两种类型的问句——“策略性问句”和“认同自我问句”。

咨询师可以用的最直接的问句是“你如何做到的？” 例如，设想一个来访者告诉咨询师那天她起床、穿好衣服然后出门散步。在问完“听起来，做这些让你很高兴”之后，如果来访者做了肯定的回应，接下来就可问“你如何让自己做到的？”在问题中提到“让自己”，表明这件事情对于来访者来说并不容易做到，并且这一问法有助于来访者在回答时进行自我赞美，比如“我不知道，我想就是我让我自己做到的”。这个回答就是前文提到的有关进步的叙述 。很显然这个回答不能满足咨询师的好奇。“那么你怎么让自己做到的？”就可以引发更多的探索，引发来访者更加专注而深入地思考。如果咨询师想要来访者更加具体地描述所取得的成就，有一个很简单的方法，就是对来访者说：“告诉我 10 件你做的有助于起床和出门的事情。”

有时，来访者并不认为自己起到了主动作用，他们会说：“我不清楚。我只是感觉好点了。”焦点解决咨询师会继续坚持：“最近你做的什么事情，使你认为可能让自己感觉更好了？”或者“想象那天早上有个摄像机在跟拍你的活动，在你走出房间出门散步之前，这个摄像机拍到了什么呢？”如果来访者依旧表明“没什么，我没做什么它就那么发生了”，咨询师可以问“那么你是怎样，让它就那么发生了？”或者“如果你不希望它发生，你必须做什么事情来阻止它的发生，你能想到些什么主意确保你最终待在家里坐在椅子上？”（接下来的问题将探索他们为什么没有做那些事情）。

从重要他人的视角导入，如果合适的话，会增强策略性问句的力量。例如“你认为最了解你的人会注意到你正在做什么？”

当咨询师使用策略性问句时，不仅有助于来访者为取得的进步赞美自己，也有助于明确究竟是自己哪些行为促进了进步的发生。当来访者越多地重复这个过程，进步发生的次数也会越多。即使来访者并不知道自己到底做了什么，策略性问句的作用也已经产生了。让来访者努力思考自己的哪些行为是有效的，对他们来说是一种强化，也是会谈结束部分建议来访者去关注的伏笔。

64

认同自我问句

人们不太可能不对互动的对象甚至他们自己做出“认同性的结论”。人类是“意义的制造者”。通过观察和归类两种过程，我们对自己的世界更加有掌控力。例如，老师注意到有一个小孩在课堂上表现不好，会认为这是一般事件。第二天，这个小孩又表现得很差，而且另一个老师说这个孩子在她的课上也很无礼。于是，这个老师很快就从认为“这孩子表现不好”变成了认为“他是个差生”。这一转变会引起重要的后果。一旦认定这个孩子是个差生，这个框架就会让老师更多看到他不好的行为，相对地更少看到他表现好的行为。一旦我们形成了结论，我们就倾向于观察那些符合结论的部分。同样地，当我们对自己做出描述，我们更容易表现出符合描述的行为，很难做出与描述相悖的行为。

因此，焦点解决咨询师通过提问来引导来访者看到一种可能性描述，让来访者认为他们有更大的可能去实现自己生活和工作中的目标。如何做到呢？焦点解决的咨询师会倾听来访者描述某一次成功，这次成功是与任何他所做的有助于工作中目标实现的事情有关的。在抽取出合适的事件，提出一个或多个策略性问句之后，咨询师会引导来访者发现并说出自己具有的品质、优势、技能和能力。

- 什么使得那件事做成了？
- 你做了哪些事情让这个改变发生，是你的哪些优势，哪些品质？
- 这些事情使你认为自己是什么样的人？自己可以成为什么样的人？

这些简单问句中的任何一个都促使来访者发现一种聚焦于可能性的自我描述：“它让我知道，我比自己想象的更坚强”“我不得不变得更加坚强”“需要决心和意志力”。接下来咨询师可以以这些回答为基础继续提问：“你之前总是发现自己可以如此坚强吗？”如果来访者说“不”，咨询师可以询问“知道自己可以如此坚强，会让你的未来有什么不同？”如果来访者回应这种优势一直是他生命中的一部分，则咨询师可以强调这一能力，并提出“告诉我，当你很坚强的时候，你的生活是什么样”。

以这种方式提问，让来访者“注意并说出”自己的品质，与咨询师直接告诉来访者是有很大区别的。过度热情的咨询师经常试图告诉对方“你给我的印象是一个非常有决心的人”，有风险的是来访者可能并不认同。人们经常对他人说的表面的（apparent）赞美表示怀疑，而更倾向于相信自己说出的话。这种方法的特点就在于，引导来访者自我赞美，而不是直接对他表扬。

65

当来访者说和以前一样

仅仅因为咨询师问了“从我们上一次见面后，哪些事情更好了”，并不能保证每个来访者都会有一个积极的反馈。虽然在会谈结束之后，来访者可能会发现的确有些事情变好了，有些人仍会回答：“没有，根本没什么改变发生，事实上完全一样的”。但是这时焦点解决咨询师最好不去反驳道：“说吧，肯定有些事情变好了的。”而是从认可来访者的角度出发，接受来访者所说的就是他所想表达的。如果我们反驳来访者，我们仅仅是让来访者重申“没什么不同”，并且每当来访者重复一次，来访者就更加难以发现他的这个想法并不全面。

咨询师：从我们上一次见面后，哪些事情变得更好了？

来访者：没有，根本没什么不同，事实上完全一样。

咨询师：噢。即使没有什么变得更好，但在做事情的过程中，你有没有注意到什么会让你高兴一些？

来访者：嗯，我想事情至少也没有变得更糟。

咨询师：那我可以问你几个问题么？你认为你做了哪些事情让它没有变得更糟？

来访者：嗯，我继续注意自己的饮食，更好一点地照顾自己，准时上床睡觉，睡眠还可以，偶尔也出去。

咨询师：好的。这些就是你自我管理以保持现状的方式？

来访者：是的。

咨询师：那你是如何做到自我管理，以保持这些好的事情呢？

来访者：就是形成习惯。真的是一些日常行为，让我自己即使不太喜欢也去做。

咨询师：我想，让自己做自己不太喜欢的事情，一定并不容易。你如何设法做到的？

来访者：就是回忆去年自己的生活是什么样的。

咨询师：好的。你用一些方式来保持现状，并且听起来并不容易。

来访者：是的。

咨询师：当发生了什么时你就会知道时间是合适的，可以再向前一步，让事情再推进一点？

来访者：不太确定。

咨询师：你是怎么想的？

来访者：可能当我不再觉得每天都是个困境的时候。

咨询师：好的。那个时候你会有什么感觉？

来访者：不总觉得自己在刀刃上。不再老觉得随时会掉下去。

咨询师：嗯，很好。如果你不完全觉得在刀刃上，你会有什么不同？

来访者：更自信——对未来更有信心。

咨询师：在那些你要做的使你更加自信的事情中，你会注意到自己都采取了哪些行动？

从这一段摘录中，我们可以清楚地看到，咨询师一点儿都没有和来访者争论。咨询师认可来访者的回应，通过询问“即使没有什么变得更好，但在做事情的过程中，你有没有注意到什么会让你高兴一些”促使来访者详细描述另外一种形式的成功，接下来对话也聚焦于来访者做了什么来稳定现状。最后，跟随来访者的步伐，询问“当发生了什么时你会知道时间适合了，可以再向前一步，让事情再推进一点？”这是构建良好合作的基础。

66

当来访者说更糟糕了

当焦点解决咨询师问“哪些事情变得更好了”，会有一种可能，来访者回答“你在开玩笑吧，更糟糕啦，比以前糟糕十倍。这一周是我人生中最惨的一周”。这种情况下，慌张的咨询师可能试图把他从那种状态中拉出来：“但是你还是来到这儿啦。你是如何做到的？”这句话背后的假设是“如果事情真的那么糟糕，你不会来；既然你来了，肯定没有那么糟糕”，需要抵制这种尝试。咨询师不认同来访者说的话，会让来访者很生气，因此一个更简单的方法是对来访者说：“我很遗憾你经历了那么艰难的时间。”

一旦来访者感觉被认可和被接纳，咨询师就可以开始寻找一种方法，朝着适合来访者有可能成功的方向，将会谈与来访者的目标相联系。

如果我没有理解错的话，那么听起来过去两周对你来说真的很难过，事情甚至更糟糕了，那么：

- 尽管有这些困难，但你会为发现自己完成了什么而感到有一点高兴？
- 当你发现生活的境况倒退了，你是如何做到保持希望的？
- 即便不得不面对很多困难，你是如何让你自己继续坚持直面问题的？
- 你做了什么让事情没有变得比现在更加糟糕——如何让它没有继续变坏？

每一个问句都可以开启一种目标性的对话方向，聚焦于来访者所做的对他自己有帮助的行为。并且在这种情况下，每一个问句都必须建立在充分认可来访者状态的基础之上，直至来访者准备好可以回答这些问题。如果来访者认为咨询师之所以这么问，是因为没有认同他情况的严重性，那么来访者会重新回到问题描述上，咨询师就需要对他的情况表现出更多的理解，重新找到合适的机会。在这个过程中，咨询师在冒险引导来访者聚焦于有效的细节，而不是更多的问题。

咨询师：听起来简直是个噩梦啊。

来访者：是的。

咨询师：那你是如何应对的呢？

来访者：这就是关键——我并没有应对。我发现起床真的很难，我不打扮自己，我又开始喝酒。艾琳说如果我继续这样，她就会离开。

我们可以清楚地看到，“那你是如何应对的呢”这个问题过于“功能化”，以至于对来访者并没有作用，并且来访者因此而回到了对问题的详细描述。如果咨询师用一个不那么“功能化”的方式，例如“经历了那么多艰难的困境，你到底是如何度过这些困难的”，来访者可能感到被充分地认可，从而接受咨询师的引导。正如德·沙泽尔在演讲中常说的“我们是聚焦解决之道，但是我们并不恐惧问题”。当咨询师成为“问题否定者”，他们所做的是强迫解决（solution forced），显而易见的是这种强迫解决不会起作用（Nylund & Corsiglia，1994）。

100 KEY POINTS

焦点解决短程治疗：100 个关键点与技巧

Solution Focused Brief Therapy:
100 Key Points & Techniques

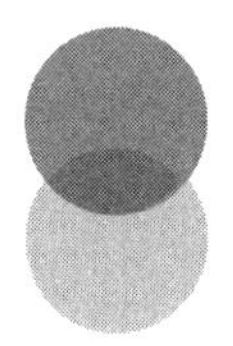

Part 11

第十一部分

结束咨询

67

保持对进展的关注

很多心理咨询和心理治疗的流派都认为“结束”的过程非常重要，需要进行计划或者通过多次会谈工作来完成。而在焦点解决中，这一过程并不需要这么小心翼翼，很多时候咨询的结束有点非正式，通常是来访者表示自己现在不再需要后续的会谈了，以后有进一步需要的时候会再来找咨询师。造成这种差别的原因是很清晰的。首先，焦点解决的咨询师和来访者会谈的标准次数为 4 次以内，而会谈持续大概 10 周，因此两次会谈间有相对长的时间间隔。真实的情况中，咨询师通常会与来访者的生活保持距离， 咨询师会特别努力地把自己维持在一个边缘位置，以来访者和他的生活为中心。正如克里斯·艾弗森(Chris Iveson)的一位来访者说道:“克里斯你知道吗，当你问一个好问题时，你就消失了。只有当你问了一个差劲的问题时，我才会注意到你。”（George *et al.*, 1995:35）。茵素・金・伯格反复提到了这一主题，即焦点解决中咨询师的边缘性，她认为咨询师应该追求“在来访者的生活中不留下痕迹”。确实，焦点解决取向很重视这种“看不见”的状态，认为更好的情况是来访者自己保持改变。来访者相信是自己促进了改变的发生，而不是归功于咨询师，觉得“离开你我无法做到”（Sundman, 1997）。显然在焦点解决中，咨询师的角色大体来说起到一种边缘性的作用，即站在来访者生活的边缘提出问题，然后在会谈的最后用来访者说过的话来总结。

在某些情况下，多数是在咨询不断延长时，咨询师会更加直接地关注结束。咨询师会问：“想象一下，有一天早上你醒过来，你就知道我们不再需要见面了。那么你注意到了什么，就知道不需要后续的会谈了呢？”这个问题有助于再次将结果具体化，如果需要的话，对结束咨询需要达成的结果进行重新调整。除此之外，咨询师问来访者“从 0 到 10 分，0 分代表你完全没有信心以自己的能力保持已取得的进步，10 分代表你完全有信心可以做到，你自己现在是几分？”这也会很有帮助，尤其是来访者缺乏维持进步的信心时，咨询师可以进一步强调咨询的结束，通过问“当你达到几分的时候，你认为自己已经准备好结束咨询？”然后问“你如何发现自己已经达到了那个分数？”

68

如果没有进展怎么办

没有什么是万能的。无论多么有能力的咨询师，还是多么有效的疗法，总会有让来访者认为没有进展的时候。每次会谈获得的反馈都是“没有事情变好”，或者来访者从未在“最希望的”的量尺上移动位置。在这些情况下，SFBT的第三条原则开始发挥作用：“无效则试试别的”（第10个关键点）。那么在这些情况下，咨询师可以做些什么让反馈有所不同呢?

（1）从谈话中确认来访者的“最希望的”，让来访者给实现目标的可能性打分——“从0到10分，10分表示你知道自己可以做出改变，0分则是完全相反，你认为是几分？”如果分数很低，可以重新协商“最希望的”。

（2）让来访者试图给“困扰程度”打分。换句话说，确认最希望实现的这件事对来访者有多重要。如果分数低，咨询师可以试图重新协商“最希望的”；如果分数高，咨询师可以在这个回答的基础上，让来访者评量自己的准备程度，“10分代表为了实现目标我可以做任何事情，0分代表什么也会不做”。

（3）改变会谈的格局。如果对象是家庭或夫妻，可以分别交流；如果对象是个体，邀请来访者与他人一起参加。

（4）换个时间，或者换个地点与来访者见面。

（5）转介咨询师。

（6）评估来访者已取得的进步，或者其中不足的部分，并询问来访者，咨询师接下来做些什么更有帮助。

（7）请一位同事与你和你的来访者进行一次现场磋商会，在双方均在场的情况下与咨询者及其来访者进行面谈，观察对话过程中能发生作用的部分。

（8）换一种咨询方法。采用咨询师掌握的另一种疗法，或者寻找另一位使用不同疗法技术的咨询师。

如果在尝试所有方法之后还没有变化，那么剩下的问题就是当没有任何有效的事情发生时，咨询师为什么要继续与这位来访者咨询。和没有任何变化的来访者继续会谈，可能会使来访者感到困惑和误导来访者认为自己处在完全无解的困难中。这样一来，咨询师就成为了整个问题中的一部分。咨询师不再继续咨询至少打开了一种可能性：来访者被挑战去“做一些不同的事情”，而且无论是要做什么，来访者都把握着发生变化的可能性。另一种选择是，对来访者进行如下建议：现在不是一个对他的生活做出改变的合适时机，反而当下更适合于保持稳定，只有当来访者认为他做好了准备迈出下一步时再回来找咨询师。

100 KEY POINTS

焦点解决短程治疗：100 个关键点与技巧

Solution Focused Brief Therapy:
100 Key Points & Techniques

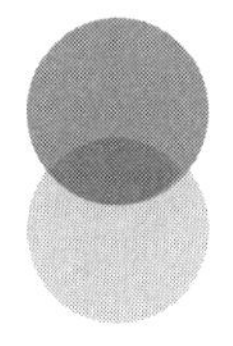

Part 12

第十二部分

评估及安全保护

69

评估

传统疗法的咨询过程中，在任何带有干预性质的考虑和提问之前，通常先有两个方面的评估。评估的一个方面是衡量来访者的问题是否适用于咨询，确定来访者是否属于能够通过“谈话治疗”被帮助的人群 。它包括探究来访者的认知能力、沟通表达能力和他们的因果关系理论以及他们在多大程度上适合采取心理干预。另一方面，传统咨询师会试图探究问题的实质，可能会形成关于问题成因以及维持的假设，然后考虑这一问题是否可用咨询师特定的干预模型来处理，或是否能引导出“哪一个模型能够最好地帮助这位来访者”。

SFBT 没有咨询前的评估阶段。因为 SFBT 认为每一个来访者都已经做到了当下所能做到的最好，所以咨询师的职责是确定能否找到一个与来访者做到最好的状态相匹配的最令人满意的方法，而这只有在咨询过程中才能确定 。另外，迄今为止，无论是基于人口学指标、来访者情况还是基于实际上由来访者带来的问题，对咨询结果的研究都无法确定这种方法对哪些来访者是有效的，对哪些来访者是无效的（见第 12 个关键点）。焦点解决的每一次干预在本质上都是都基于它核心问题的一次实验过程，“作为一名咨询师，我是否可以发现一种最适合来访者情况的方法，以充分有效地促进给来访者带来不同的变化的产生？”因此，焦点解决咨询师会向自己提出关于“咨询过程（therapy process）”的问题，而不是关注来访者的内在世界以及其在来访者与咨询师互动关系中的呈现。咨询师并非试图“理解”来访者，评价来访者的行为，或者通俗地说去促使来访者做事。理想的状态是尽可能“停留在表面”，而不是努力向后和向下看。

于是，使用焦点解决取向的咨询师问出第一个问题，然后倾听来访者的回答，试图形成一个新的问题。这个问题既充分考虑了来访者的回应，又将对话引向可能的方向。如此这样循环。在这一点上，咨询师聚焦于叙述和内容。然而，还有另外一个与之平行的过程，该过程聚焦于“是否有效”，或者“对话过程中来访者是否跟我在一起”。咨询师试图与来访者合作，如果来访者能够与之合作，那么咨询师可以基于德・沙泽尔的第二原则“有用就多做一些（if it works, do more of it）”继续进行（第 10 个关键点）；如果来访者没有随之变化，则参考德・沙泽尔的第三原则——“无效则试试别的（if it is not working, do something different）”，并咨询师需要对咨询过程的先后顺序做出调整。或许咨询节奏不合适，来访者想再多讲讲自己的问题故事；或许一个“他人视角”的问题可以让来访者看到未来的自己，而不是引导来访者从他自己的角度看到未来，例如“你最好的朋友将如何发现咨询对你有所帮助？”对于难以停止问题描述的来访者，也许例外问句比例子问句更有效，或者也许关注来访者的处理方式，甚至是近乎问题经验的处理方式，会更有帮助。经验丰富的焦点解决咨询师会在倾听来访者的反馈内容的同时，就对“匹配度（fit）”进行评估。在此基础上，他们会回想焦点解决的所有回应方式，并评价哪种回应方式既与来访者现状足够匹配，从而能够对来访者产生意义，又在来访者的当下与变化的可能性之间保持充分的距离（Andersen，1990）。

70

安全保护

本书作者们是在马尔堡家庭服务机构（Marlborough Family Service）工作时开始了他们的焦点解决生涯。马尔堡家庭服务机构是一个专业的 NHS（英国国民健康服务体系）诊所，其服务内容之一是为具有严重伤害风险的儿童的家庭提供评估和治疗。他们关于焦点解决的早期实践部分基于这项工作（George *et al.*，1999）。显而易见，焦点解决的方法在促进安全上具有很大的作用。就像其他疗法的模式一样，焦点解决不能仅仅作为一项评估工具而使用。评估和治疗可能会相互产生作用，但是依旧需要将其视为各自独立的活动。

安德鲁·特尼尔（Andrew Turnell）在这个领域做了很多开创性的工作，提出了“安全的迹象（Signs of Safety）”模式，这一模型目前在世界各地广泛用于安全保护服务（safeguarding services）之中（Turnell & Edwards，1999）。“安全的迹象”模式本质上提出了一个简单的网格用以标记情境中的风险因素和安全因素。只有出现有利于安全的平衡状态，或者具有安全的可能性时，才能够开展治疗或者以改变为导向的会谈。此时，SFBT 具有很大的作用。关注来访者已经做了哪些有效行为（如“你认为作为父母自己哪些部分做得不错？”）从而增进合作和提高自信。当咨询师开始找出来访者潜在的能力时（如“假如你明天早上醒来，发现自己真的成为了你和社会服务机构所期望的父母，你首先注意到什么？”）合作关系和自信会进一步提升。

在遏制家庭暴力方面，SFBT 也同样有效（Lethem，1994；Lee *et al.*，2003）。通过聚焦于安全和如何促进安全，而无需暗示他们在某种程度上对家暴也负有责任，家暴的受害人能够对自身生活产生更多的掌控感。例如，约瑟芬所描述的“明天”是她重新获得了“自尊”。约瑟芬受到了孩子爸爸的攻击，左眼被划伤，因此警察通知了社会服务机构，她面临着与新生儿分离的风险。在描述安全的未来的过程中，约瑟芬的声音越来越坚定，坐得更直，而且不再坚持认为是她自己带来“所有这一切”。一开始，在“安全量尺”上她的分数是 4，在充分关注她在这样危险的情境下已经做了哪些行动保护自身安全之后，当咨询师问她“当处于 5 分时，会有什么不同？”约瑟芬说她会拿回自己的钥匙，这会给她更多的掌控感（即使她知道前夫可以直接把门踢开）。咨询师进一步探索更多的掌控感可以带来什么，约瑟芬表示会经常出门（“我甚至不再去超市！”）并且重新联络朋友。这些是获得安全的显而易见的方法，但是只有当来访者自己发现时，这些方法才是可行的。否则，仅仅是另一位“权威”告诉她应该去做什么。当问到与朋友更多联系将如何影响自身安全时，约瑟芬想到跟当初介绍她和前夫认识的朋友一起去见她的前夫，“他永远不会在她面前做出任何事情”。

经过 9 个月共 7 次会谈，约瑟芬再也没被打。她与前夫的关系依旧分分合合，但是方式有所不同。在最后一次咨询说再见的时候，她说：“我有没有告诉过你，我有厌食症？”咨询师说没有，她回应：“但我现在不是了，所以为此我也要感谢你。”

100 KEY POINTS

焦点解决短程治疗：100 个关键点与技巧

Solution Focused Brief Therapy:
100 Key Points & Techniques

Part 13

第十三部分

孩子，家庭，学校和小组活动

71

孩子

人们通常困惑的是多大的孩子可以适用 SFBT。大多数情况下，咨询师会在父母咨询中使用 SFBT 而不是与孩子。因为对孩子展开工作很容易使得孩子被贴上“无助”或者“问题”孩子的标签，这些标签可能会毁掉一个孩子的生活。进一步说，如果父母能够取得进步，孩子的改变就可能会获得持续的动力。如果孩子参与咨询，他或她需要成长到一个阶段，在这个阶段容易观察到变化，通常是从 3 岁开始，他们能搭积木，可以操作基本的量尺。

给孩子做心理咨询和成人不同，任何心理学理论流派所面临的都是同样的难题：语言需要被调整——孩子需要能听懂和回答这些问题。越小的孩子越少使用抽象的问题，语言的重点应该关注于过去的经验，而不是想象的未来。也可以用材料和游戏代替语言（Berg & Steiner，2003）。一个 5 岁的孩子通常会喜欢演示在学校里“好的行为”尤其是在有其他人在场的情况下，他会愿意演示他是怎么第一个安静地坐下来，安静地排队，轻轻地走路。尽管他之前从来没有这样做过，但是在一番演示之后，他就会在第二天复制他演示过的这个场景。一个 5 岁的孩子被问到“如果不能在教室里奔跑，什么能代替奔跑让他更快乐呢？”，他马上回答说“走路”。咨询师问他：“你是一个很会走路的人么？”他回答说：“是的。”还进一步强调：“很会。”咨询师说：“那你演示给我看看吧。”这个孩子迈着很慢的步子在咨询室里走路和拐弯给咨询师和他的妈妈看。接下来他参与了咨询师的角色扮演游戏，在游戏中这个 5 岁的孩子扮演老师，咨询师扮演他自己，然后“老师”教给“孩子”应该怎么表现。

在另一个案例中，一个选择性失语的4岁女孩通过从10个塑料的农场动物中选择一个来代表她现在的安全水平。然后用管道清洁工玩偶代表了可以保持她的安全水平。她暗示这个玩偶代表了她夹在妈妈对她的亲近和爸爸对哥哥的关注中间，而她的哥哥曾经强奸过她。在这种表达方式的帮助下，这个孩子重新开始说话了。在另一个案例中，一个非常活跃的男孩喜欢在他的滑板技巧上与人比较，以这个为切入点推动他的滑板技巧和行为同时开始进步。

除了语言，年龄小的孩子和成人心理咨询时最明显的不同是在建构他们期待未来的结果上。通常这在很大程度上取决于父母，但是孩子也可以被包含在内，通过提问类似“你是否愿意和你的兄弟更愉快相处”或者“你愿意在学校表现更好么”之类的问题。这些封闭的问题可以用一个单词回答（这就好像是问孩子他们喜欢的电视节目类似的问题），这些问题孩子容易回答，也使得他们有“变得更正确”的感觉。然后咨询师可以转向开放性提问，这类问题需要孩子认真思考才能回答，比如“现在我们谈谈如果你明天一天都开心的话，当你走进教室的时候，你的老师是怎么知道你是开心的？她将会看到你在做什么？”

72

青少年

一些咨询师，甚至是有经验的咨询师，发现同青春期孩子做咨询工作是令人气馁的。无论是听到来访者说“我不知道”，来访者表露无遗的缺乏勇气， 还是把青少年的注意力从手机和耳机上转移所需要的战斗，都令咨询师感到为难。SFBT 为青少年咨询提供了一个非常有建设性的框架。他们欣赏把注意力放在未来，把重点放在具体改进行为的描述上（Lethem，1994）。最重要的是，SFBT 聚焦他们的视角。来访者的会见时间也是有限制的，一般来说半小时的时间就足够了。

“我不知道”这样的回答通常源于年轻人并不烦恼。有时候，“我不知道”还类似于一个拖延的回答，来访者不经思考地说了这句话然后会停下来思考是否回答这个问题。这就要求咨询师坚持不懈地表示自己确实想听到他们的回答。当来访者对“你怎样认为”“你是怎么想的”这类开性问题感到茫然的时候，最好是在他们离开之前转向问封闭性问题：

咨询师：看起来最近的事情有些困难，是么？

来访者：是的。

咨询师：你想让事情变得更好，对吧？

来访者：是的。

咨询师：那让我们说说在过去事情更好的时候，你都注意到了些什么？

对一些年轻人，尤其是那些非自愿的来访者来说，有用的问题通常是问他们一个第三方的伙伴如何希望看到不同。众所周知，对青少年来说和他们朋友有关的问题是非常有用的。一个 14 岁的年轻女孩持续说“我不知道”，当被问到她想从咨询中得到什么的时候，她回答“我不知道”。问题改为“如果要跟你的朋友们说你来这里没有浪费时间，你会怎么说呢”，她回答道：“我不希望我自己如此不开心”。继续问：“他们怎么会知道这个呢？”她回答说：“我会愿意跟他们说的更多”。

量尺问句的变化形式是非常值得称道的。一个 16 岁的男孩（案例详见第 47 个关键点），他浪费了大量的时间吸食大麻，他从来没有见过清晨，被他妈妈威胁要赶他出去。当问到量尺问句的时候，他想起来他以前有两天打扫过一半的房子。他把这个归为无聊之极的事，但是仍然能想出这件事的好处，比如妈妈给了奖赏。他也能想出下一步自己如何去获得更多的进步。

更好用的问句是应对问句。年轻人不得不忍耐来自成人世界的压力，也有来自同伴的压力，或者是他们自己的情绪和正在变化的身体。问“你是怎么做到能控制这个的”能让来访者感觉自己的挣扎被理解，并且使他们愿意提高自己的生活管理能力。他们也许有过身体自残，或者酒精或其他物质的滥用，如果来访者看上去忽视事件的后果，也许可以从探讨这些行为的后果入手。而那些关于如何控制这些行为的问题，会导向与他人、安全、管理自己生活方式相关的问题。焦点解决工作的典型假设是，如此一来，他们就有时间控制自己的过度冲动。

SFBT 的*策略性问句*很适合年轻人，*认同自我问句*也常常体现其价值。青少年对身份、声誉、别人怎么看自己这类问题很敏感。简要地说，SFBT 有些内容对青少年是适用的。

73

家庭咨询

虽然家庭的改变不需要全部成员或者夫妻双方的参与，但是家庭问题通常不是一个人的问题。

如果家庭成员想要的未来不一样怎么办?

让我们举一个最显而易见的简单例子：一对夫妻和一个青春期孩子。双方最初在最好的愿望上能达成一致的可能性是非常低的。大多数父母表达的愿望是希望孩子能更多尊敬，这通常意味着他们希望孩子是服从的。然而，年轻人的愿望却是“信任”，通常这意味着他们需要更多的自由。“翻旧账”的讨论，通常会引发针锋相对的争论——“在你整夜不回家的时候我怎么能信任你呢？”“当你把我当一个小孩一样对待的时候,我怎么能尊敬你呢？”但是面向未来的视角会很快达成共同目标。如果我们假设他们最初的回应不是他们内心最终的答复，我们可以问：“如果你们每个人的愿望都实现了，那时候会有什么不同？”父母和孩子都会回答一个如何相处更好的版本，比如更少的争吵、更多的对话、更友善。他们需要的东西是一样的。

如果家庭成员总在争吵怎么办?

一个家庭如果它的成员之间没有争吵就不是家庭，争吵在咨询室里是常见的事情，这并不代表他们没有可能变得更好。在焦点解决取向的咨询中，咨询师通常会忽略这些争吵，把它们视为录音里的“干扰”。然而，如果这个“干扰”阻碍了声音被听到，咨询师没有方法遏制争吵，最好的办法就是赞美每个人使得他们能有足够的勇气一起往前走。然后分开咨询或者选择最有改变意愿的人先谈。

如何能让每个人都发出声音?

就像我们假设的，邀请一个来访者描述他期待的未来，这最有可能与改变关联在一起。所以，如果房间里有 6 个家庭成员，如何给每个人时间和空间去描述他们的期待的画面呢？在这种情况下，这可能没有必要。 试想一个家庭，每个不同年龄的人都有自己的方式来表达对相处更好的希望。咨询师可以从第一个家庭成员开始，问“告诉我两种可以让这个家庭变得更好的方式”，然后一个接一个，按顺序追问每个人。这个家庭就会建造出一个丰富的、多元视角的家庭期待蓝图。不需要所有的人都认同每件事，他们观点中仍然会有很大程度的重叠。

如果有一个家庭成员被另一个责备，成为替罪羊怎么办?

咨询师和来访者辩论，是唯一经研究证明 SFBT 失败的预测指标 （Beyebach & Carranza，1997）。因此，正如在前面章节中所描述的，如果一个人的改变需要建立在另一个人改变的基础上，需要提问问题让期待的未来互相影响，这通常很有效，有助于来访者找到积极意愿。“看起来你很担心你儿子所描述的未来，那么在他生活里发生什么，你就会不担心了呢？”“当他以不同方式回应的时候，他如何才会注意到你也有所不同了？” 接纳和承认父母的痛苦，并提供一个建设性的框架是很有可能打开更多可能性的。

74

家庭咨询中的量尺

大多数常见的家庭量尺的版本是“我们将继续在一起”，很显然家庭成员经常给不一样的分数，咨询师需要避免任何谁对谁错的争吵，代之以提问每个人如何提高分数或者如何避免分数更低。在家庭工作中，一个有用的技巧是把所有人的分数加起来（包括小孩的）然后算个平均值。“按平均数来看整个家庭认为现在是 4 分。是什么让你觉得这个分数是如此之高的呢？”

另一个问题和父母带小孩来接受咨询有关。对父母来说，小孩是导致他们问题的原因，所以他们喜欢用和孩子有关的量尺。“我给他 2 分”（通常会比孩子自己认为的更低）。关于这个也许没有方法，但是如果可能的话，咨询师和他们一起构建这个家庭期待的未来，满分是 10 分，包括每个人，而不是只有孩子。比如，当就一个有关孩子在学校的问题行为咨询时，对家长而言，10 分代表孩子的行为有所改善后，对整个家庭带来的影响。因此，10 分既包含孩子在学校的行为也包含父母感觉开心。这样做的目的是尝试把父母也拉进解决之道中。用同样的方式，当家庭成员被问到如何向上移动量尺的时候，父母会回答孩子将做 X 或者 Y，咨询师接受了这个回答并继续问“你们之间的关系会发生哪些不同呢？”

75

夫妻咨询

夫妻工作和家庭工作有很多相似之处，设置咨询谈话的方式有很多 。最简单的方式是把他们看作两个独立个体，但是在出席上又存在互相影响（如果一个人出席，不会很有效果）。 在下面的案例中，皮特和丹几乎要离婚了，但是俩人还有意愿在一起。当被问到“在这次咨询中你最大的期待是什么”时，两人都说的是希望对方做出改变。通常，关于改变的不同目标可以被“我们希望能像过去曾经的那样很好地相处”所代替。这就给了皮特、丹和咨询师一个共同的目标。下面的会谈摘录中，皮特抱怨丹的行为。

咨询师：那么我可以想象成如果他少自私一点，为你考虑的多一点，而不是总不把你当回事儿，你们的生活就会有很大不同？

皮特：当然是。

咨询师：所以，如果他做了这些改变，他怎么知道你是高兴的呢？你会对他有什么不同的反应？

皮特：嗯，如果他做到（虽然根据我的想象我不确定他能做到），我会少一些愤怒。

咨询师：取代愤怒的是什么呢？

皮特：我会更高兴，我会问问他今天过的怎么样，我会做饭，而且是比以前更高兴和愉快地做饭。

咨询师：如果你更高兴了，你认为他会高兴吗？

皮特：当然。他总是叫我脾气暴躁的杂种。

咨询师：如果他看到“脾气暴躁的杂种”变少了，而且更愉快了，他对你的回应会有什么不同？

皮特：哦，他可能会更愿意和我说话——自从我对他恶语相向，他说他不屑跟我说话。

咨询师：你是希望他跟你说更多话？

皮特：是的。我总在说他不告诉我任何事。

咨询师：如果他跟你说更多话，你将如何回应呢？

皮特：也许我会做一些他喜欢的事情，就算那些事情我不太喜欢。

咨询师：比如？

皮特：也许是和他坐在一起看足球。

咨询师：丹，你怎么看呢？你将会注意到的皮特正在如你所期望的那样变好的第一个迹象是什么？

丹：他不再那么愤怒了。

咨询师：如果经过一夜，改变发生了，明天早上你会注意到的第一个线索是什么呢？

丹：如果我在淋浴间太长的时间他不会大喊大叫。

咨询师：他不大喊大叫，取而代之的是做什么呢？

丹：如果他有礼貌地请求会很好。

咨询师：那么你会如何回应呢？

丹：我会很惊讶的……

咨询师：然后呢？

丹：我会更快一点离开淋浴间。

咨询师：这对皮特来说，会有什么不同？

丹：我会留更多的热水给他。

咨询师：如果一天是这样开始的，在你心目中你俩的关系会有什么不同？

丹：大不同。我会开始思考吵架是不值得的。

这个谈话的架构是很清晰的，咨询师在“问题和原因”“鸡和蛋”的争吵方式中插入了一个改变的画面。在这个过程中，谁必须是先改变的问题被绕过了，很显然两个人都会开始做些不同的事情。

76

学校

一个小学老师，采用了焦点解决的原则，要求他的学生描述一下什么样子的班级是他们想要的，他们怎么知道班级是在最好的状态了。他要求学生把他们的想法画在白板纸上，然后贴在墙上，用这种方式他帮助他的班级建立了这学期的共同目标。

另一个老师要求孩子们给他 / 她自己的幸福感打个 1 ~ 10 的分数，她用这个量尺不是要做一个目标明确的测量，而是让学生注意到差异的存在：当一个孩子从他常规的分数上掉下来的时候，需要给予一点特别的关注。分数也提升了孩子们的情绪觉察力——需要学习的一个重要因素。

一个 9 年级的年级主任选择了 8 名学生组成一组去观察他们的潜能发挥。他们每周都开会讨论他们希望在学校获得什么样的成就以及他们都取得了哪些进步。他们只是用量尺标出自己的进步并看到进步的迹象。

一个小学校长刚刚被任命去拯救一所失败学校。在第一次会见他的员工时，在承认了他们和他自己都有些紧张之后，他向员工提问的问题是如何让学校的工作是他们喜欢的样子。每个员工都放松了，而且写了很长的改进清单（Martin Brown,Personal Communication）。

一个校长还在早晨例会中设计了一个“积极八卦”论坛，让老师能分享他们注意到的关于同事和学生的积极事情（Donna Jones,Personal Communication）。

一个小学老师设计了一个关于孩子喜欢吃什么和不喜欢吃什么的量尺。孩子说“老师，今天我是个蒜香面包”或者笑着说“今天是个披萨日子”时没有其他人知道那是什么意思。

一个教育心理学家用焦点解决的理念使得会议更有建设性。比如，这样开始会议：

> 我们今天一起聚在这里是为了找到一个对吉姆适用的方法……每个人已经读过了背景资料，所以我们都很清楚今天要做什么。也许我们要从找出从报告撰写到现在期间已经变化了的事情开始。（*Harker，2001:35*）

还有教育心理学家看到了在教师工作中应用焦点解决理念的价值：“聘用焦点解决取向的老师让我们更容易讨论资源、目标和例外。可以通过想象奇迹使改变发生……还有实验。”（Wagner & Gillies， 2001:153）

这些只是同事和伙伴们应用焦点解决的众多方法中的一部分而已 。此外，焦点解决在学校的应用还有很多文字资料，包括: 反欺凌(Young，2009)，咨询(Wagner & Gillies，2001)，阅读(Rhodes & Ajmal，1995)，焦点解决的学校和老师(Metcalf，2003； Mahlberg & Sjoblom，2004；Kelly *et al.*，2008），朋辈咨询（Hillel & Smith，2001），咨询（Metcalf，2009）。

77

学校：个体咨询

在熙熙攘攘的学校环境里，个体咨询或教练过程给了学生们一个特别的、可以安静思考的空间。SFBT 提供了一种非常适合有时间限制的干预，学生们不用感觉被强制参加超过自己需要的干预。我们发现半小时是一次咨询的最佳时间，大多数学生都会对这段经历表达感谢，并且愿意继续咨询。合适的话，其他教职人员可以参与咨询过程，也可以开始团体辅导（详见第 79 个关键点）。

最开始，学生们被告知保密条款的限制。当一个学生透露说他的妈妈曾经用棍子打他，教练会提醒他这个信息会被汇报出去。学生变得很愤怒，坚持说这是个人事件，而且多数情况下妈妈并“没有伤害”到他。最终他接受与教练和另外一个教员一起见面。

当学生们被问到本次咨询最好的期待时，通常第一个回答是“我不知道”，如果学生坚持说不知道，可以问他转介人有哪些期待，有时候这种方法可以开启谈话。非常重要的是要把转介人的期待和学生自己的希望建立起联系。

当被问到这次会见的期待时，哈米德说了很多“不知道”，当被问到转介人的期待可能是什么时，他说了更多的“不知道”，直到咨询师用惊讶的语气进行下面的对话：

咨询师：所以，你这次辅导不希望看到任何变化？

哈米德：我不这样认为……也许吧。

咨询师：那么他推荐你来，他可能有什么期待呢？

哈米德：我不知道。

咨询师：在教室、在走廊、在操场上……在什么地方他可能希望看到些变化呢？

哈米德：在走廊。

咨询师：他可能会看到些什么不同呢？

哈米德：（我）不跑。

咨询师：那取而代之的是什么？

哈米德：谈话，我能走着和朋友们谈话。

哈米德继续描述如何和朋友们有更好的关系，并且能减轻“是个麻烦”的烦恼。他是愿意努力去做一些事情的，即便这些事情在开始的时候是学校要求他去做的。最后，和所有的成功的学校咨询一样，学生和学校都是受益者。

对学生来说，要求别人改变和让别人同意他们的要求都是普遍的现象。 有的学生甚至要求他们有在教室随意走动或者任何时候都可以在外留宿的权利，咨询师最好不要陷入以上内容发生的可能性的讨论。 学生知道规则，所有没有必要去提醒他们记得规则。相反，接受他们的期待，并且和他们一起看下结果。在一个 14 岁女孩谴责她的老师的案例中，教练（教练是一个比治疗师和咨询师更容易被接受的称呼）与女孩的谈话摘录如下：

教练：如果这些都改变了，对你会有什么不同？

贾斯敏：我就不用放学后被留校了。

教练：这对你又有什么不同？

贾斯敏：我不会陷入麻烦。

教练：那又会有什么不同？

贾斯敏：我能和同学们相处很好。

教练：如果你做到了这个，对你有什么好处呢？

贾斯敏：我会更开心。

教练：所以，如果我们的咨询可以帮助你和同学关系更好，你也更开心，我们就不用在这里谈话了，对么？

贾斯敏：是的。

教练：如果这些都发生了，对你爸爸和妈妈来说有什么不同？

不考虑起点——学校改变还是贾斯敏改变，正如上面所描述的，贾斯敏的动机和承诺已经发生了改变。稍后她报告了自己老师的行为改变。

78

学校：WOWW 项目

“关于 8c，我们将要做些什么呢？”

WOWW 代表了“Working On What Works”（有用的多做），这是茵素·金·伯格提出的一个项目的名称，这个项目是她和李（Lee）、玛吉·希尔茨（Maggie Shilts）在班级工作中开展的一个项目。（Berg & Shilts 2005,Shilts2008）一个观察者（或者教练）记录和汇报在一次课堂中所有“有效的”。教师可以互相观察彼此，但观察者不一定是教职人员。这不是教学检查的方法，教师是自愿参加。

WOWW 观察者被介绍给班级（比如早晨的助教团队）告知学生们被挑选参与一个特殊项目，一些特定的课程会被观摩。通过让学生感觉是它是如何“奇葩”，项目的影响得到了强化，谁来负责介绍项目也很重要：一个管理团队高级的成员是最合适的。

第一次课，观察者需要解释他们将记录整个过程，在课程最后的 5 分钟需要告诉这个班级他们都记录了什么。这个反馈必须坦率而且严肃。在上课过程中，观察者在教室里走动是有帮助的，当一个学生的积极行为被注意到的时候可以问学生的名字。在最后反馈的时候，学生们会很高兴听到自己的名字被提到。尽管反馈是给整个班级学生的不是针对老师的，但是一些老师很感激观察者对老师的那部分工作的欣赏，这些内容可以在班级学生面前表达，也可以是下课后私下进行的，这取决于老师。

如果可能的话，观察最好持续 2 周或者几周一次。一个老师告诉我们她建议整个过程最好用 10 个观察者，虽然我们的项目限制是用 4 个观察者。

在项目开始之前，需要召开一个相关工作人员的会议，在项目进行到一半的时候和在总结观察结果的时候，通常需要使用量尺，评估观察会带来什么不同，以及已经影响到的班级的表现。毫无疑问，这些会议是无价的（ 一个老师说对她来说这些会议是整个项目最重要的部分，因为这会帮助她聚焦在有效之处），尤其是在全体老师都参加的情况下，老师们被鼓励围绕一个特殊的班级开展建设性对话，而之前可能仅仅有负面评价。

来自于学生和教职人员的反馈说明，让学生听到自己做过的积极事情是有益处的。引用一个 8 岁男孩的话：

> 告诉我们做过的有成就的好事，说“你们做到了很多事情”，我们就想保持来获得更多的称赞。更多的称赞通过电话传到家里……父母会开心，父母开心了，我们就会做得更棒，无论是在学校内还是学校外。

集体的荣誉感和对同伴的责任感由此产生。

当然，事情并不总是光明和美好的。观察者不得不记录什么是有效的，即使当所有事情都看上去很糟糕。在这样一个灾难之后，班级会被要求猜测观察者有注意到多少积极行为。有的人说“一点也没有”，最多的是说 3 个。观察者写出来 8 个，并且读出来，学生们就惊呆了。

声明：感谢亚丝明·阿杰马勒，她和我们一起启动了这个项目，还要感谢 South Camden Community School 的教职人员和学生。

79

小组活动

有关焦点解决的小组活动的文献正在不断增加。 梅特卡夫（Metcalf，1998)，李 (Lee *et al.*,2003)，沙里 (Sharry，2007) 等是一些主要的贡献者。

焦点解决的方法提供了一个结构，就像车轮的润滑油，即便是在最有挑战的小组里也是有效的。从焦点解决的角度来看，小组活动的特殊兴趣点是它将一些没有太多共同点但是有问题要解决的人聚集在一起。来访者通常最感兴趣的是和其他人有类似问题的体验，所以小组活动的一个趋势就是变成一个可以分享问题经历的场所。因此，毫无悬念，焦点解决咨询师会找到有效的方法引导讨论向“期待的结果”发展。

通常会直接使用焦点解决的问题提问。在第一次会议上，所有的参与者会被问及他们对本次会议收获的期待，每个参与者都被邀请详细描述他们想要的未来，后续会衡量他们的进步。如果小组足够小，就会在组里直接进行，如果是大组需要分成小组。后续一系列的会议可以用来跟踪进展（“什么已经变好了”），衡量这些进步，在他们出现退步时使用应对问句。

焦点解决的小组活动与其他对话方式的区别是把注意力放在小组成员的互动中。在个体和家庭咨询中，每个人都要回答咨询师的问题，答案是咨询内容，而且假设家庭成员在离开之后会做到每个人说的内容。小组在会议中做这些工作，部分咨询内容就在他们彼此诉说的过程里——普遍的看法是一个问题被分享了就已经解决了一半。焦点解决的准则就是成功的分享就是成功解决的三次方，不需要减少表达的自由，不需要忽略困难，小组主持人的任务就是把谈话导向希望和成就。一旦小组开始体验正向结果的价值，他们很可能会减少“问题的讨论”。

一定的仪式是有帮助的（就像仪式对任何会议都有帮助一样），比如“让我们按圆圈走动起来，每个人选择一个顺序说一件上周发生的让他快乐的事情”“让我们再来两轮”。在这种时候小组成员愿意问彼此提问题，讨论也会聚焦在成就上，咨询师可以找个椅子坐到后边。

量尺提供了另一个结构。在一些小组里，每个人都有一个自己的量尺，允许别人去问自己现在在量尺的什么位置，为什么在这里而不是更低的分数。再继续几轮，可能会激发出更“自由”的交谈。

在所有时刻，小组引导师必须铭记并承认大多数小组成员都将面临极端的困难。结构性的“退步”循环可以成为建设性对话的有力途径，因为它允许问题的表达，小组成员期望把这些问题做为这个过程的一部分。带着“在房间里的”的问题，每个人开始描述他们有效（和安全）的应对策略，或者尽管处于危机中，但他们仍然在“坚持”做的一些建设性的事情。后续谈话就不需要咨询师再说很多了。

这么多潜在合作治疗师的存在是小组活动高效的原因所在。当来访者自我批评或者找不到答案时，其他参与者通常会准备好给予鼓励和建议。某些组员并不是总是受欢迎的，我们发现此刻教练小组成员有必要互相提问而不是给具体建议。与此相似，我们鼓励参与者互相赞美对方。

100 KEY POINTS

焦点解决短程治疗：100 个关键点与技巧

Solution Focused Brief Therapy:
100 Key Points & Techniques

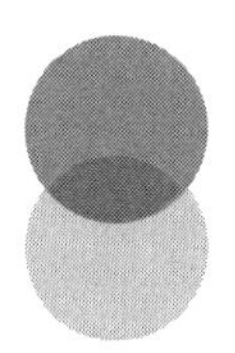

Part 14

第十四部分

成人领域的工作

在这本书的主要框架中可以清晰地看到，大量焦点解决的工作是在成人领域的。因此，这一章主要关注“边缘化”——那些较少被转介去接受咨询治疗的。这类来访者能给我们启发但我们却不总能成功，正是他们告诉我们不要停止尝试。想要进一步了解这些来访者， 可参考艾弗森（Iverson）的相关描述 (2001)。

80

无家可归者

当我们开始最早的SFBT实验时，我们希望测试它的局限性。我们请同事指认哪些来访者可能不是咨询的合适人选，一些同事大胆地给予了回应。

有学习困难的人，比如慢性精神病患者和阿尔茨海默症患者首先被提了出来。我们相信，一旦关注点从“解决问题”转向改善健康和生活质量，任何人都可以得到帮助。任何想让生活变得有所不同的来访者，甚至是通过专业人士的干预获得平静的人，在理论上都能得到帮助而发生更好的变化。

全力以赴地探索焦点解决的局限性是BRIEF中心的一个持续的工作主题，结果是没有一个潜在的来访者会因为他问题的类型而被SFBT拒绝接受。在本部分的6个关键点中将会描述这个工作的一些内容。

吉米是一个被无家可归酗酒者慈善项目转介过来的来访者。他在第一次会见的时候烂醉如泥并怒火中烧。在会谈的一个小时里，他大部分时间都在大声咆哮着诉说他遭遇的种种不公平，包括很久之前在监狱里的遭遇和在精神病医院的遭遇。除非安全受到威胁，一个焦点解决咨询师会礼貌地忽视对咨询过程没有帮助的行为，并且尽可能地紧紧围绕那些可能会产生有帮助答案的问题。最终吉米说他希望有他自己的公寓，并且咆哮着说这个希望是不可能实现的。在又一番醉醺醺的咆哮之后，吉米对这个问题做出了首次回应：“让我们想象一下如果明天早上你醒来后发现你的生活正朝着你得到一间公寓的方向发展，你将会注意到什么会有所不同？什么将是你注意到这个不同之处的第一个迹象？”至少有十几分钟他条理清楚地回答了咨询师的问题，然后他们一起描述在一个门廊里醒来，不再思考去哪里喝杯酒，而是思考去哪里找到一杯茶。这杯茶可能来自一个他认识的有同情心的咖啡馆老板，这个老板一眼就会看到他（以免延误服务其他顾客），并且彬彬有礼地对待他。

在一个月之后的第二次会见中，吉米醉得更严重也更愤怒。一个住房协会给他提供了一个公寓，但是吉米否认这对他有好处，他不愿意接受这个房子。整个过程中吉米都在醉醺醺地咆哮，只有不到 5 分钟头脑清醒的时刻。但是从他回答的问题如“住房官员遇到了怎样一个的吉米让他愿意给你提供如此稀缺的资源”“你做了哪些事情让工作人员选择了你而不是许多跟你一样需要房子的男人和女人们”中可以明显看出，吉米在参加住房申请面试的时候头脑清醒、着装整洁。他是怎么做到这些的呢？三个月以后，负责转介的人报告说吉米接受了他的福利，已经搬进了公寓，之后所有报告都显示吉米是一个负责任的房客。

要旨就是在你没有努力尝试之前，永远不要放弃你的来访者。

81

阿尔茨海默症患者

玛莎是被她的女儿露丝带来向社区职业咨询师征求咨询建议的。露丝最初请求为她患阿尔茨海默症的母亲提供寄宿照顾，因为她不能容忍她母亲的各种要求了。玛莎曾经是一个杰出的社区成员，她条理清楚地谈起她曾创立和管理一个咨询中心。露丝说她母亲丧失了瞬时记忆，然而当问到一个“奇迹问句”的时候，玛莎能找到的记忆全回来了，她能描述她和女儿计划在明天做的所有事情（她们曾计划去圣诞商店），露丝惊呆了。其他问题也有被讨论到：露丝如何应对压力，玛莎如何管理和保护自己的安全，她们如何愉快地度过在一起的时光，她们如何继续保持亲密的关系和相互关爱对方。露丝取消了第二次会谈，她说她不确定她妈妈的记忆是否有改善，但是对她来说这不再是个问题了。5 年以后，咨询师被邀请去参加咨询中心的周年庆活动，在那儿玛莎是荣誉嘉宾。尽管露丝说她妈妈记不住第二天的事情，但是玛莎没有阿尔茨海默症的症状线索。玛莎找到了活在当下的快乐的方式，露丝继而发现照顾母亲是快乐的而不是压力的来源。

艾琳也是被绝望的女儿送来的，她是一个高大和蔼的女性，艾琳有突然发作的暴力行为。她曾经在看护中心走失过。如果她被另一个看护中心拒收，她的女儿就要放弃工作照顾她。艾琳在咨询过程中要么是把咨询师看作是她深爱的朋友，要么是看作是她的死敌，并伴随有突然发作的嗜睡。咨询师在恰当的时候询问有关她良好的幽默感，她身体的力量，她家庭的亲密关系。当她睡觉的时候，咨询师问她女儿她是如何应对的，以及如果咨询是有效的，她期待在妈妈身上看到哪些不同。和许多焦点解决的咨询一样，这些通常是复杂和未知的领域，教科书上很少有提到。

在局外人甚至是她女儿看来，这更像是社交谈话。尽管如此，咨询师谨记在心的是有希望的结果，以及当下和过去的境遇对这个结果的支持。这样一个会见被证明是单一和不确定的，但在 2 年后咨询师收到反馈，艾琳没再有突发暴力行为。

这两个都是令人感到绝望的案例，在企图弥补阿尔茨海默症带来的缺陷时，花费显著增加。 在这两个案例中，家庭成员是能够在没有额外帮助的情况下继续愉快生活的。

82

学习困难者

和孩子的咨询工作一样，学习困难者需要咨询师调整语言（想要对这个领域了解更多，详见 Bliss & Edmonds，2008）。咨询师有个倾向是当学习困难者能口齿清楚地表达的时候给予拍手称赞。也许把来访者看作是拥有不同程度的口头表达能力的个体更有效，或者把尽最大可能模仿每个来访者的说话方式当作我们的任务也是有效的。这是一个艰苦的过程，尤其是当咨询师不熟悉来访者理解事物的方式时，然而很快，来访者的尝试和错误就会呈现出他理解事物的方式。

关于如何与学习困难者沟通有一个粗略的指导原则，就是要准确地了解到他们对聚焦未来问题的答复。抽象的概念对这些来访者是很困难的，但这不意味着不需要尝试；我们不能假设我们的来访者有诸多局限，也不能把我们自己强加给他们。“你对这次咨询最大的期待是什么”这句话对一些较小的孩子来说太抽象，需要发现更多的具体的路径，比如从抱怨开始。非常有可能是其他人发现来访者的困难并把他们带来接受咨询，也极有可能是这些处于困境中的来访者是不快乐的。 建立一个简单的结果目标，比如“更快乐”能显示咨询师的良好意图。

玛格丽特，一个患有唐氏综合征的 50 岁女性，即使“更快乐”的目标也不能同意。玛格丽特一生大多数时光是在一个大型医院里度过的，最初诊断是“痴呆”，后来被诊断“低能”，最近被诊断是“学习障碍”。医院拆迁了，玛格丽特搬到一个破旧的公寓里，她不开心。她和其他同样从医院里搬过来的人打架，不配合专业咨询，经常攻击公寓管理人员。一个社区护士“把死马当活马医”，介绍玛格丽特来参加短程咨询，她告诉玛格丽特如何自己走到诊所。玛格丽特带着大包小包来到诊所，但却不说话，直到咨询师给她递上一杯茶。结束咨询后她就走了，其后的三年里每隔3个月能见到她一次。从第一次会见之后，她的行为安静下来了，她开始照顾自己，对邻居友好，享受与专业人士在一起，成了公寓的“代言人”。幸运的是，焦点解决短程治疗的咨询师不会陷入对原因的解释中，因为这样的结果会阻碍创造性的发现。

在这三年里咨询师每次都给玛格丽特递上一大杯热气腾腾的茶，一步一步问她最近这段时间的一些细节，每次她都用平淡的语调回忆她最近的“荷马”旅程。如果她最近见过她的姐姐，她会愿意回答几个有关她有多喜欢她姐姐来拜访的问题，包括她们一起共进周日午餐。除了这些，一年里有 1 ~ 2 个问题是关于是她在英国斯沃尼奇（Swanage）的假期。任何有关未来的问题都会把玛格丽特带入愤怒和恐慌交织的情绪中，需要很多道歉才能平复。一旦她的茶杯空了，玛格丽特就会在她的大包小包里翻找出一个闪亮的红色日记本。咨询师会和她数出 13 个星期，她会在选定的日子里，写下社区护士教给他的咨询师的名字。

83

药物滥用

在这个领域，传统的咨询工作强调来访者“拒绝”的程度和咨询师挑战它的必要性。 通常假设咨询是长程的，而且每个案例都会复发。从这个角度来看，SFBT不会有效。然而研究表明，SFBT 在这个领域是特别有效的（详见第 12 个关键点）。

以 SFBT 的视角来看，来访者陷入拒绝不是挑战，咨询师会问到他们和其他人期待看到哪些不同。如果他们不想谈药物滥用的话题，那么他们想在另一些方面看到什么不同？如果他们回答的是实际的忧虑，比如房子，这也确是解决之道，如果他们的生活方式可能是导致不能保有公寓的原因，那么他们将会被问到将来怎么处理事情才能确保可以留下他们的房子。如果他们在重新分配了住房后还是存在问题，那么其他人（包括住房供给处官员）希望看到的是什么？

SFBT 认为改变可以发生在来访者生活的任一方面，不一定是必须聚焦在药物滥用上。一个被精神科护士送来的来访者为了提高量尺上的分数，他愿意停止吸食“快克”（Crack）和海洛因。但是他说“我不会对你撒谎，我不想停止大麻”，此后他没有再跟咨询师提到他有吸毒。聚焦在微小进步的迹象上而不是试图去处理药物滥用这个巨大问题是有道理的，谈话可以继续聚焦在来访者如何更多地走到户外，如何和人们更多地交流，如何试图做更多的工作等等。

SFBT 的假设是有问题症状和成瘾行为的来访者知道他们要做什么，即使最开始的时候不知道。总有例外的时刻他们用药更少或者根本就不用。德·沙泽尔介绍了一种方法：让来访者刻意留意并谈论他们克服药物刺激（或者其他强迫行为）的时刻（de Shazer，1985:132）。这个方法承认来访者的渴望并且让他们看到自己能够控制它。一些来访者会对例外轻描淡写，说没有用药是因为他们没有钱了，但是一旦想起某一次在其他时刻他们有没有用药的经历，他们就会继续去检验自己在应对这种强烈刺激时的自控力量。承认被戒断症状击败是件非常艰难的工作，也是很重要的。这时候可以使用“应对问句”来揭示来访者的自控能力。一个来访者在会见开始时发抖，她的渴望是如此强烈。当谈话进行时，她开始变得镇静了，这就可以看作是一个例外。另一个来访者谈论自己是如何在会谈中获益时说：“否则我马上就会出去想办法搞点儿了。”很显然，一些来访者发现当他们处于自己的环境中的时候很难戒掉毒瘾，他们需要一个暂住地。

“复发管理”不可避免地成为咨询中的一个要素。当经过一个阶段的节制和自控之后，复发不意味着事情回到了起点。来访者如何像他们曾经做到的那样管理和控制自己，以及他们将如何避免复发是需要仔细讨论的内容。

德·沙泽尔说在这样一个非同寻常的任务中，信心量尺对描述美好时光有困难的来访者是有用的：

> 要求来访者每天预测自己是否能在接下来的一天中抵御住吸毒的刺激，在这天结束的时候看看自己的预测是否正确，想一想自己是如何预测正确或者错误的。有报告证明经常做这些会帮助来访者克服吸毒的冲动。
>
> （*de Shazer，1991:88*）

84

精神健康

德·沙泽尔（1998）写到焦点解决短程治疗在精神健康领域的实践将我们卷入“激进接纳（radical acceptance）”，没有任何领域比精神健康问题更清晰地显示这点了。在焦点解决的实践中，我们不挑战来访者使用的参考框架，显然让他们迷惑的框架也会显现出来。德·沙泽尔以一个女性的案例来说明：这位女性相信她晚上睡不着觉的原因是一个鬼鬼祟祟的邻居用一个机器在向她床上发出光束（de Shazer，1995）。当谈及这次咨询的时候，德·沙泽尔指出用“你*似乎觉得*他在这么做”是没有意义的。对来访者来说，这是个事实，任何来自咨询师的挑战都会引起敌意和不合作。最后，他们把讨论聚焦在她需要睡觉，让她想出了一个把她的床搬到别的地方的办法。有一个来访者抱怨她听到一些声音影响她的日常生活，她害怕她会被送回到医院，德·沙泽尔仅聚焦在她没有被声音影响可以生活很好的那些时刻，如此一来她可以回忆和提升她过自己日子的能力（de Shazer 1988：140）。

BRIFE 曾被要求去看一些“自杀监控（suicide watch）”的住院病人。曾经有一个来访者说“奇迹”在夜晚发生的第一个迹象，是她在早上醒来的时候，她会照照镜子，看到她不再长胡子了，然后就是该出院的时候了。咨询师让她回去再照照那面镜子，看看里面的自己有什么不同。她说感觉更高兴了，他们继续讨论其他病人和精神病院医生们会怎么看她，接下来要求她对自己的进步做了一个评分。尽管在谈话过程中她感到害怕，在场的精神科医生后来说这是她第一次在精神治疗的谈话中多待了几分钟。三个星期后，这个病人就出院了。

还有一次，一个团队成员正坐在桌前工作，这时候他的同事带着一个来访者进来检查他下次预约的时间。咨询师和来访者结束之后握手，这个团队成员惊讶地看到他的同事对来访者说“很高兴遇到你们俩”。后来才知道这个来访者相信另一个自己建议他杀掉自己，并同意咨询师和另一个自己谈话，这帮助了这个来访者以不同的方式把自我连接起来。

关于如何保持这种接纳精神，答案就是来访者认为什么治疗对他们最有益的态度，以及他们反应的方式。 一个被诊断为妄想型精神分裂症的来访者说：“我不得不学习如何更好地管理我的病”，因为他并不期待被治愈。另一个患有躁狂抑郁双向障碍的来访者不得不停止用锂盐，药物试验显示这对她的肝脏有害。她来咨询时说感觉自己的生活变得乱七八糟的。用接纳的谈话方式帮助她获得了对自己生活更大的自控力。但是她认为药物治疗对她的健康是必须的观点没有动摇，在她的观念当中，只要新的药物治疗开始，就能巩固她之前已经取得的进步。

要求药物咨询的来访者可以被问到他们是怎么知道药物是有效的，他们如何帮助药物发挥了作用。如果来访者回答说是症状减少了，他就会被问到什么是他想看到的能代替这些症状的。对于医生来说，和病人讨论是否需要服用药物并非必要，尽管他们显然会和病人讨论剂量大小和副作用。

85

创伤和虐待

创伤，尤其是儿童期性虐待经常被认为是需要长程密集咨询的，并在与他们达成协议的情况下重新体验过去的事件。在这一领域，SFBT 再一次被证明是有效的（Dolan，1991,2000;O’Hanlon & Bertolino，1998）。

黛博拉曾经被一个与她的家庭有交往的朋友严重虐待过，很多年不能自己单独出门，她尤其希望能对一个咨询师详细讲述她的经历，让咨询师从专业的角度上看发生了什么，在此之前她从来没有讲述过。一个焦点解决咨询师不会聚焦在问题上。来访者以一种以前没有过的方式讲述，这是她正在做的一些不同的事，并且尝试着让她的生活有意义。如果她从来没有讲述过虐待经历，对她来说就不会对这件事情有一个清晰的认识。通过她自己的耳朵（和通过她所想像的咨询师的耳朵）听到这件事情，引导她明白这不是一个羞愧的经历，她勇敢地保护了更多易受伤害的儿童免于虐待。她一直是勇敢的。在否认了自己曾经单独外出过之后，黛博拉承认自己每天早上都是一个人外出上班。不过，每次离开公寓之前都有一个例行的 40 分钟思想斗争，每天早上黛博拉都为自己的愚蠢严厉自责。她没能看到自己成功克服了每日的挣扎，没有看到她在真正的恐惧（排除心理引起的）面前保持生活正常进行的能力。在 5 次的会见中，黛博拉找回了自己的独立和未来。

在一些场合，当来访者表示想讲述自己被虐待经历的时候，咨询师可能会问在讲述的时候他们是怎么做到的。根据伊冯・多兰（Yvonne Dolan）的观点，咨询师可以建议一些来访者带上“安全物体”，当感觉讲述这个经历太心烦意乱的时候抓着它（Dolan，1991）。咨询师意识到讲述是如此悲痛以至于他们有责任在会见之后给来访者提供照顾义务。伊冯·多兰要求来访者准备一个能帮自己应对的“自我照顾”清单，并且会问他们哪里是保存这个清单的最佳地方，这样在最需要的时候就能顺利获取。比如，对某个有自我伤害行为的人来说，保存在有刀的抽屉里。

帮助虐待和创伤幸存者的有力方法是阿兰·韦德（Allan Wade）的基于响应的方法（response-based）（Allan Wade，1997）。如果来访者正在讲述一个他们受到攻击或者虐待的事件，咨询师不是邀请来访者“修通（work through）”他们当时的感受，而是可能会问他们的想法、感受和行为是怎样应对这次攻击的，诱导出他们赖以存活下来的资源（Wade，1997）。 黛博拉能回忆起在她被虐待的过程中，她是如何拼尽全力保护了比自己更小的妹妹和堂妹。另一个来访者，描述了在她 8 岁时候在她房间里发生的恐怖事件，当她听见父亲上楼的声音时，她关上了门。当然这对防止虐待是无效的，但是她意识到她用自己的方式尝试过保护自己。

另一个来访者，温迪，住在一个自杀监控病房中。 她说她对于咨询治疗不抱任何期待，然而她同意咨询师认为她这样想一定有某些理由的假设。温迪坚持认为只有删除她的过去才能打开她的未来，但是她同意回答几个问题。咨询师问她：“让我们假设一下，在今晚当你睡着的时候，有一个奇迹发生了，它没有带走过去，但是它关掉了你混乱的过去对你未来的影响。明天早上你注意到的第一件事情是什么，这件事会让你知道你找回了你的未来？”半小时以后，温迪描述了接下来的一天，然后讲到从医院离开之后她希望在生活里会发生的事情。后来，咨询师问了一个量尺问句，如果满分 10 分代表着奇迹中的每件事情都会发生，0 分代表着一个都不会发生，她自己认为发生的可能性是多大。她自己也惊讶于她回答的是 7 分。她说“但是这不是真正的我”，咨询师问“那么是谁呢”。尽管只有一次会见，温迪漫长的康复之路从那天开始了。

对于焦点解决疗法来说，来访者回应过去创伤的一个普遍特征是他们经常自发地开始按照教科书推荐的步骤进行。 然而，不同的教科书有不同的介绍，这些建议对有些人是对的，但对另外一些人则是错的。比如，当每个来访者开始更好地生活的时候，有些会报告说向一个朋友吐露心声是多么有帮助的事；有些则报告说向施虐者或另一个家庭成员提出异议是有帮助的；还有人可能会说：“我花费半辈子的时间想把它忘掉，现在我决定把它扔到一边了。”显而易见，当我们帮助来访者生活得更好的时候，他们自发地找到了自己特有的方式去让这些发生。

100 KEY POINTS

焦点解决短程治疗：100 个关键点与技巧

Solution Focused Brief Therapy:
100 Key Points & Techniques

Part 15

第十五部分

督导、教练技术和组织应用

86

督导

“如果你的客户在这里告诉我们你曾做过什么是对他有用的，他会说些什么呢？”

焦点解决临床督导与焦点解决治疗如出一辙：它是一种聚焦结果的实现过程而非指导，这个过程是在成功基础上的建构而非对错误的修正，在过程当中，被督导者所掌握的信息比督导者自己的知识更应受到关注。 这项工作旨在使每一个被督导者都能发展出自己的技能，而不是将督导的技能传授给他们。这并不意味着督导放弃了他们的管理和秉持标准的角色，这一角色是督导责任中的一个重要部分，尽管大部分时候是不必要的。

聚焦结果、聚焦解决的督导非常关注过去的经验，和治疗一样，成功的过往很可能会为一个成功的未来打下坚实的基础。督导在会谈的开场经常会请被督导者概述几个最近较为满意的实例——无论大小，在和客户所做的工作中任何他们感觉做得不错的事情。为提升目标感，督导可以问：“那，在这次督导会谈里，你最好的期待是什么呢？”

接下来，督导将聚焦于被督导者和客户所做的工作。也就是要防止被督导者讲述客户的“故事”，因为这会变成“解释”（并强化）问题的故事。取而代之的是请被督导者思考客户的优势、资源和成就，以推测未来的可能性，然后仔细检视何种工作关系与期待的结果最为匹配。这要看一下迄今为止是什么起了作用？怎样才能发现未来的进展？不光要从被督导者的角度上看，还要评估客户的看法，见本关键点的开篇问句。

结果问句或者期待未来的问句可以开启一个对未来进展的描述，比如“如果在下一次会谈里会有一个突破，那么出现的第一个迹象会是什么呢？”目的是引出一个对成功的治疗谈话的详细、具体的描述，这个描述要从每一个参与者的角度出发，通过描述谈话者之间的互动来了解他们之间的相互影响。

量尺问句在督导中也甚为有效。一个典型的“检查”量尺，10 分代表工作完成得非常令人满意，0 分代表参照点。“你觉得你现在在量尺的什么位置？”“你做了些什么使你达到了这个分数？”“你怎么知道你增加了一分？”当被督导者不仅要从自己的角度来回答这些问题，也要思考来访者可能给出怎样的答案的时候，这些问句潜在的力量就会被激发。这种多视角的描述是焦点解决方法最具创意的一个方面。

正如焦点解决短程治疗力求促进客户的期待和动机那样，焦点解决的督导对咨询师所做的工作是一样的。对于客户来说最危险的事情之一就是他们的咨询师对他们失去了信心，放弃了改变可能发生的信念，因为这样的咨询师是无力促进改变的。当咨询师聚焦在描述和分析问题行为的时候，这种情况发生的可能性会大得多。而当我们鼓励咨询师去期待结果，并且这些结果可以用现实的语言来描述的时候，咨询师便会抱持希望并无畏“困难”案例。

87

团体督导

焦点解决团体督导可以采用的方式非常丰富。最常见的开始方式是每个成员报告自己的成功案例，然后评论组内另外一个成员的成功案例。可以建立一个规则，要求对团体工作作出的特定贡献进行赞美，这会加强团体内部的信任，提高团体的工作成效，强化对成功的期待，这些都是与工作满意度和成员黏性密切相关的因素。

举个例子，一个社工团体通常以报告成功经验开启会谈，其中两个成员曾经合作完成过一个非常困难的家庭案例，他们来参加会谈的时候就带来了早已准备好的文字材料！我们注意到在接下来的会谈中，当开始讨论组内其他成员手头上正在进行的工作时，他们说听完同事的报告之后，已经对自己的案例有了想法。

团体本身也可以是一种资源，成员可以一起练习访谈技术，以角色扮演的方式预演未来与客户会谈的情况，彼此促进职业发展。

通过下面的两个例子，我们来看看团体督导可以怎样做。

例 1：焦点解决反思团队模型

这是一个结构化的方法，包括以下五个阶段（Norman，2003）：

① 介绍：治疗师介绍案例梗概。

② 澄清：成员提问。

③ 认同：成员对报案例者的工作进行赞美。

④　反映：该阶段，成员可以给一些建议。

⑤　回应：报案例者给出最后的反馈。

显然这个过程有点费时，一般我们会给 30 分钟的时间。每个阶段占用多少时间是事先分配好的，并有专人负责监督时间设置。当然，即便团体使用的不是焦点解决治疗方法，也可以采用这种结构。如果这是一个是焦点解决取向的团体，那么可以由某个人扮演“焦点解决监督人”的角色，确保在“澄清”阶段每个人都尽可能多地使用聚焦解决式的提问。

例 2：“一次一个问题”

● 一个成员希望在他下一次与客户会见之前得到些帮助，一个人自愿“成为”客户，整个团体就成了“治疗师”。

● “客户”回答开放性问题：“什么是更好的？”

● 听到回答之后，每个成员写下假如自己是治疗师的话，将要提出的下一个问题是什么。

● 所有人都写完之后，讨论每个提问可能带来的各种可能性，然后由团体或“客户”确定选择哪个提问来继续。

● 随后提问选好的问题，“客户”回答这个问题。之后成员再写下下一个他们想要问的问题，然后再进行讨论、选择。

尽管由于时间的限制，可能还问不到 10 个问题，但这个练习几乎总能有效地孕育出更多的期待、选择和灵感。

88

教练技术

如果教练技术不曾被创造出来，那么焦点解决疗法和焦点解决督导的结合恐怕迟早也要走到那一步。帮助一个专业人士提升工作能力的过程与帮助一个精神病医院的病人改善生活方式的过程应无二致。尽管有很多相似之处，教练技术与治疗仍然存在三点差异（Iveson *et al.*，2012）。

相似之处在于二者适用完全相同的谈话框架：

- 在这次谈话中，你最美好的期待是什么？
- 如果这些愿望达成了，会有什么不同？
- 你已经为愿望的达成做了些什么？

二者的差异见于以下三个方面：

（1）一个教练客户可能会（虽然不总是如此）带着一个聚焦结果的目标来找教练，这个目标常常是想要改善自己在某一方面的表现。而一个治疗的来访者通常会（虽然不总是如此）带着一个有待解决的问题前来见咨询师。那么在治疗的过程中就要增加一个提问——如果客户的第一个回答是问题消失（例如“我不再抑郁了”），那么新的提问就是什么会取代这个问题，在回答这个提问的时候，客户会给出一个结果导向的答案（例如“我就可以继续我自己的生活了”）。

（2）第二个差异是权力的差异。一个诉说问题的人会把自己放在一个易受伤害的位置上，我们没有理由认为咨询师就不会像其他人那样滥用权力。教练技术则有不同的理念。客户诉说的常常是期待而不是问题，客户与教练的关系更像是与会计师或者律师的关系，而不像与咨询师或者医生的关系。把一个人的思想和身体交予他人之手要比把他的事业或收入托付他人更冒险。

（3）第三个差异与权力对应：责任。一个接一个提问，一个接一个回答，如果咨询和教练都是聚焦解决的话，二者实难区分。甚至可能二者的期待都是一样的，最常见的就是希望“增加信心”。然而，如果一个希望增强信心的校长没有达成期待，继续缺乏信心对他来说会是一个烦恼，而不是他职业生涯中的“问题”。但是对一个严重抑郁的将增加信心视为重回正常生活的途径的客户来说，一旦治疗失败，他的处境会完全不同。

建立在“专家知识”基础上的治疗更依赖权力和责任的划分。在这类治疗中，咨询师的理论框架允许他们“了解”客户哪里不对以及怎样“搞定”。咨询师自己也需要接受治疗，一方面为了更“了解”自己，另一方面是要从中鉴别权力与责任。当咨询师“知道更多”的时候，客户需要相对顺从并跟随咨询师的引导。否则，咨询师会拒绝对任何失败承担责任，同时把责任推给客户，称他们缺乏动机或是有阻抗。

教练技术和焦点解决短程疗法在与客户的关系中都有一个更谦卑的角色：他们假设客户知道的更多，他们的任务只是帮助客户梳理信息和澄清目标。教练和咨询师会将客户看作是资源丰富的、有能力自己做出决定的个体，去感受他们，而不大乐于利用自己的地位（尽管出于好意）进行干预。

89

指导

指导在某种意义上对焦点解决的从业者来说是一种挑战，因为指导者应比学员拥有更多的知识和经验，同时学员期待他们*使用*这些知识，而不是依赖来访者的知识。虽说这个挑战是和指导相关的，但是当咨询师或教练发现他们具有和来访者问题有关的知识和经验时，或者当来访者向他们索要建议时，他们也会面临同样的挑战。

遇到这样的情况时，咨询师、教练或指导者很可能会将焦点解决的操作方法搁在一边，而直接给出建议，比如“我认为确定一个固定的就寝时间并严格执行计划是很重要的”“以我的经验，最好等你有了一个确切的提议之后再和员工协商”“如果你被欺负了，你应该去告诉老师”。

直接给建议的问题在于这些建议通常不会被采纳，而且越是影响到我们的自主感和认同感的建议，我们越不会采纳。同样是有研究作为依据的建议，一个母亲更愿意相信让孩子仰着睡觉更安全，却不愿意接受孩子睡醒之后最好任其哭泣而不把他抱起来。后面这个建议与妈妈和孩子建立起亲子关系的希望发生了严重冲突，因此只有适合的人才能接受。虽然大部分的咨询、教练和指导都会涉及关系，但是关于如何正确地获得关系的建议却鲜有助益。或许我们都认同尊重的价值，但是我们每个人“实施”尊重的方式都是独特的。

幸而存在一个折中地带。在焦点解决取向的会谈结束时，如果来访者索要建议，可以请他描述一下成功的建议会带来什么不同。

咨询师：　我们假设你得到了的最正确的建议，而且它确实有效。你希望它会带来什么变化呢？

来访者：　很大的变化——她会对我尊敬些。

咨询师：　最先会出现什么迹象呢？

来访者：　先是跟我说“早上好”吧。哪怕她就跟我咕哝一声，我都会觉得那会是美好的一天。

咨询师：　那如果她说“早上好”，你会怎样回应呢？

来访者：　我可能会晕过去！

咨询师：　然后呢？

来访者：　跟她说“早上好”。

咨询师：　你会为自己对她说了“早上好”而感到高兴吗？

来访者：　当然！

咨询师：　她怎么能发现这点呢？

来访者：　我会忍不住露出笑容的。

在描述细节的时候，来访者对未来的感知会增强，她会听到自己讲述将做些什么事来促使女儿的行为朝着她期待的方向改变。这样，她就自己给出了“建议”，这样的建议更易被采用。

在这个以不太倾向于焦点解决的方式收尾的折中地带，指导者不会利用他的知识直接给建议，而是利用他的知识帮助她梳理一些问题：

“你认为在一次谈话过程中，什么样的方式能带来最有益处的回应：是完全开放不给任何建议呢？还是给出确切的建议但留有调整的余地呢？”

“别人激怒你的时候，是要打他还是直接走开呢？哪个更可能让你带着一个好的履历离开学校呢？（你要其他男孩从你走开的方式里看到你是因为强大而走开而不是因为害怕，那么那些男孩在看到你离开时，他们会注意到什么呢？）”

在这些例子中，指导者、教练、咨询师都有很宝贵的经验，但他们尽可能不去否定来访者自己的知识和判断。他们将经验融入提问中，但答案还是来自于来访者。

所幸的是，学校里建立了*朋辈*督导机制（Hillel & Smith，2001）。常见的形式是年长的学生指导小一些的学生。学校经常会面临一个问题：如何把咨询“卖”给那些他们认为有需要的学生。一提到个体咨询，学生就害怕被贴上“有问题”的标签。但是，当他们从一个同学那里得到指导时，他们常常感觉很舒服。他们认为年龄相仿的同学更能理解他们的经历。

90

团体教练

团体咨询的模式和家庭咨询一样。尽管没有严格的结构，但这似乎是一个“默认的”起点。如果团体足够小，教练会问每一个成员对团体最大的期待是什么（或者议程中的任何问题）。假如这些期待在第二天早上实现了，那看起来是什么样的？在刚刚过去的一段时间里，什么可以证明你所期待的结果有可能发生？如果团体规模过大，不适合这种个案方法的话，一系列结构化的小组练习也能达到同样的目的。要求每个小组在下次活动开始的 10 分钟之内列出“奇迹”发生的 20 个小迹象，所形成的这个综合图景必须是符合组内大部分人期待的，同时也是他们认为可行的，这两点都很重要。

一个大团体的练习，是让每一个人说出一件与他们的组织相关的值得欣赏的事情。在批评和抱怨已成常态的地方，这种简单的方法常常成效甚佳。

在所有焦点解决的工具当中，量尺为团体的发展提供了最灵活和最有创造性的框架。它可用于团体工作的任何一个方面，因其可以在不割裂团体整体性的情况下得到个性化的回答。通过量尺可以清楚地表达困难的程度，但它是以单纯的数字形式呈现，而不是一系列的批评。在量尺的结构中，10 分总是代表一个积极的状态，它能再一次激发期待和希望。

所有的这些技术和谈话框架既适用于那些希望保持最佳状态的成功团体，也适用于那些希望重回正轨的失利团体。前者可能更多地强调过去的成功，而后者则致力于描绘一个更好的未来，当然，这并非硬性规定。

在团体里，很多成员因为害怕报复而不敢评价，那么顾问会使用很多量尺来探讨各种错综复杂的问题，同时为了保护那些害怕说出自己的观点的人，他会要求每个人都不要公开自己给出的分数——这是唯一的差别。接下来的问句和分数公开的情况是一样的："是什么让你选择了这个分数而没有选择更低的分数？"然后是："如果提高一分的话，会有什么不同？"这样一来，所有成员都享有同等的安全的发言空间，这本身就能有效提高成员的安全感，进而开启了一个良性循环，促进团体的工作效果。

那些希望缩短并更好地利用谈话时间的团体也会从焦点解决方法中获得灵感。建立一个公认的目标可以有效避免时间的浪费。比如说在一个案例研讨会上，询问每一个成员对会议的期待会促成形成一个共识，即他们想要的结果就是决定获得信息的方式（内容）。在一个儿童保护研讨会上，询问哪些特定的信息是与话题相关的，可能会涉及三个领域的知识：儿童照护中的风险和安全因素的研究信息、风险行为的相关信息以及安全标识的信息。或许这看上去是再明显不过的了，但实际上在各种类型的会议中，过多时间都用在了探索和扩展问题上，而非用于探索资源和可能性。

91

领导力

在最近的20年里，人们关于领导力的思考发生了重大转变。后英雄式领导（Badarraco，2001）、沉静型领导（Mintzberg，1999）、共享型领导只是已出现的新思想中的三种，人们认为它们颠覆了传统的对领导力的理解。快速改变的世界带来新的挑战，每一分钟都需要对策略进行调整，这对于慢动作、自上而下的、中央集权式的风格来说实在是太复杂了，但恰恰是这样的风格曾被每一个纪律严明的组织视为规范。这种思维转变强调对灵敏度和响应能力的需求，组织中的每一个人都“是一个领导”，都肩负着责任。

弗雷德里克森（Fredrickson）和洛萨达（Losada）合作进行了一项关于积极－消极影响力的研究。这项派生于积极心理学领域的研究试图弄清什么是使人们在生活中保持“生机勃勃”而不是“失去活力”的必要条件，同时也指出了有利于工作场合中灵活性的条件。例如，洛萨达和希非（Heaphy）（2004:680）曾写道：“在商业团队中，成员之间表达出来的积极性水平越高，即时互动中的行为就越具有可变性，事业成功的长期指标也越好。”换句话说，积极表达越多，员工越可能进行试验和尝试新方法，而试验能力已经成为了企业存活和成功的先决条件。

在这种新思维与新挑战的背景下，焦点解决方法给经理人提供了一个实用的工具，它以教练技术为模型（Iveson *et al.*，2012），为战略规划、冲突解决、团队建设、会议主持以及员工回顾与发展提供了框架。但最重要的是，这种方法的价值在于它给经理人提供了一个转换注意力和聚焦模式的结构性原理。焦点解决的领导者关注的是正在做的事情中哪些是有效的，他们关注成功及其基础，并提供给员工一个模式，请他们观察同事的杰出成就（哪怕是很小的成绩）并就此作出评价。这是一种文化上的转变，从鉴别问题和寻找错误转向共同关注为团队业绩所做出的贡献。这个新文化刚好符合研究高绩效团队特点的盖洛普公司（Gallup Organization）的一个核心结论（引自 Buckingham & Coffman，1999）。用于判断一个组织是否成功的最有效的问题之一是："在最近的七天中，你有没有收到过对你良好工作表现的认同或赞美？"几乎在每个案例中，给这个问题的肯定回答背后都有一个具有欣赏力的管理者，以及一个贯穿整个团队的相互欣赏的文化。

100 KEY POINTS

焦点解决短程治疗：100 个关键点与技巧

Solution Focused Brief Therapy:
100 Key Points & Techniques

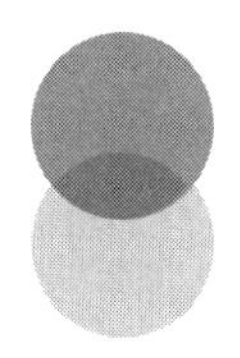

Part 16

第十六部分

常见问题

92

这不就只是一个正向疗法吗

SFBT 是一个百分百的正向疗法，但这是指数学层面上的百分之百，而非普遍意义层面上的“让我们看到光明的一面”。这样会对“正向”一词的理解有误导。确切地说，正向是负向的反义词，指的“是什么”，而非“不是什么”。就像是一段出租车行程：对出租车司机来说，“不去飞机场”是一个很烂的指示，为了能够启程他需要追问“是到哪里”。这句话并不是正向的，而只是实用的。将这个以实用为导向的方法不正确地视为“正向”，是对焦点解决过程的误解。如果这样，最好的情况是，像盲目乐观的人一样开始一个愚蠢的计划，最糟糕的情况则是，类似“看看积极的一面吧”等的指导语句，会让处于痛苦中的来访者感觉受到侮辱。

SFBT 主要依赖于对话的创造力，相互轮流对话达成共同的理解。不断重复“不想要”（我不会抑郁、焦虑、酗酒等等）不会带来新的可能性，只会导致不断扩大的苍白无力。新的可能性只可能来自于清晰表达出期望的感受、想法和行为，而非重复那些不想要的。无论抑郁、焦虑和酗酒是如何交织在一起的，即便这些状况都不存在，也很难发现一个有益的结果。另一方面，促使来访者考虑到自信、冷静和自律，“当你冷静地增加一点点自律的时候，会有什么不同？”要将这类问句与来访者所期望的编织在一起，没有百分之百地以正向导向是做不到的。

当来访者描述渴望的未来时，咨询师会要求其重复描述感受、想法和具体行为，但通常最终都落脚于具体行为。对行为的描述有助于打开来访者的感受，以感受为中介，行为描述可以反映出来访者内在的力量和心理资本。而这些行为描述也是对未来行动的激励。正如负向感受是有起伏的，有些阶段比较糟糕，而其它时候状态好一点；正向感受同样在不断变化。我们可能表现出自信或者通常感觉自信，但这种正向感受有时候也会出现某些相反的状态。但是，即便如此，我们看起来不会有很大的不同。因为自信状态让我们知道如何表现出自信，即使在自信水平较低的时候，我们通常也能够重复这些行为。

最近一周苏珊处于自杀的边缘，每天都给社区心理健康危机小组及她的咨询师打电话。每天咨询师问她，当她挂断电话的时候，她如何知道这通电话是有价值的？5 ~ 15 分钟后，她提到了很实际的一步："我想去购物，所以挂电话后我会列一个清单。"当苏珊按照预约来到咨询室，咨询师问：

咨询师：苏珊，昨天下午我们通话之后，是什么让你坚持活着？

苏珊：我不知道。我真的不知道。我只是想死。我无法这样继续下去了。

咨询师：所以当你如此强烈地想要结束生命的时候，是什么让你坚持活着？

苏珊：我让自己出门散步。但我感觉太糟糕了，无法呆在外面。

咨询师：好的，你让自己出门散散步。还有吗？

苏珊：我考虑过来这里。

咨询师：还有吗？

苏珊：我早早地去睡觉，但是没有用，因为我睡不着。所以就又起来了，感觉甚至更糟糕了。

咨询师：所以，什么让你坚持活着？

苏珊：我不知道。我想，或许我没有完全失去活下去的意愿。

咨询师：这种没有完全失去的意愿让你做了哪些事情？

苏珊：我不知道。

咨询师：你认为呢？

苏珊：我喝了一杯茶。

咨询师：你喝了一杯茶？

苏珊：是的。我之前没打算过。这次我打算像回事儿地喝一杯茶了。

咨询师：那么你如何让自己认比像回儿事还要好的状态去喝一杯茶？

苏珊：我会准备好一切。在浴缸里放满水，拿出来剃须刀片，准备一瓶松子酒，准备进浴缸，并且有一个小的声音说："把水壶烧上——你不是一定要等它烧开。"于是我会烧一壶水，那个声音说："你还是等到水烧开吧，不是一定要泡壶茶。"而等水烧开的时候它会说："你最好还是放点茶叶进去吧，你不用等着它泡好。"但是我会等着，而且下一件事情是倒一杯茶，我会觉得浪费它太可惜了。

当苏珊下一次咨询的时候，她告诉咨询师她很生气，她说："要不是你我早就死了，你真是气死我了！"这对于咨询师似乎是个好消息，咨询师问苏珊为什么要责备他。苏珊说，她有一天睡醒感觉特别糟糕，比以往任何时候都要糟糕，完全不想活下去。她再一次准备了浴缸、刀片和松子酒，但是在最后一分钟，虽然她没有感觉到，但决定了要"实现"活下去的意愿。并且再一次，她发现自己正在喝茶——对危机的典型英式反应（British response）。

焦点解决短程咨询师会探索正向情绪并发掘与之相关的行为，从而在正向情绪消失时还能完成这些行为。并且，就像情绪有助于行为的产生，反过来也是成立的：正向行为可以产生正向情绪。

93

这不就是在掩饰伤痕吗

聚焦问题的心理疗法的传统和典型结构通常围绕着“表面 / 深层”的区别，这也正是咨询师概念化过程的核心。来访者那些展露给他人的行为，如他的愤怒或者他的痛苦被认为是更为复杂动力下的外在表现。这些动力是隐藏的，通常被认为是在来访者意识之外，或超越意识的。那些进入“深层”的过程通常被认为更加重要，也常在咨询中使用。那些具备这些专业能力的咨询师受训于如何看透外在表现的。换句话说，人们通常认为咨询师能够进入更深层的心理过程，而那些更深层的心理层面被认为是外在现象的原因。在专业术语中，这种“表面 / 深层”有着明显的区分。无论什么时候，当在临床讨论中用“症状”，就意味着考虑“表面 / 深层”问题，这也体现临床中对“问题表现”的关注。而后者通常与另一种替代性问题描述相对应，即所谓的“深层问题”。通过词汇的选择可以看出，来访者的认识是表面（surface）的，而咨询师的则更深层，并且“更深层”的认识更具有价值。咨询师认为，除非这些隐藏的、“深层的”东西得到解决，否则改变是短暂的，就像是在“掩饰伤痕”或者“整理‘泰坦尼克’号甲板上的躺椅”，这些活动是无效的。正是基于这种观点，咨询师会因为顾问 “还不够深层”而谴责他们。我们看到教练非常想通过使用这种心理过程和心理测验来获得如同咨询师般的社会认可。而这种知识架构看起来超出来访者知识范围，而且也不对所有人开放，尤其不向来访者敞开。

虽然在西方思维的各个领域中都极为强化，“表面 / 深层”的区分但是很重要的一点是要认识到这种区分只是一种理解方式。它仅仅是一个思维方式，一个隐喻，一种了解经验的方式。就像隐喻不能说是正确的或错误的，“表面 / 深层”的价值也并不取决于“真理性”而是取决于其效用。我们可以在更广泛的咨询治疗系统中看待这种效用,这对来访者有帮助吗？这对来访者有什么影响？这对咨询师有用吗？举例来说，这种特别的隐喻的作用中具有一种倾向——降低来访者的权利而等比例地提高咨询师的地位。因此，即使这个隐喻确实是有效咨询的基础，但是它的效果并不都是有益的。

SFBT 是基于另一种观念：当人们转换描述世界和个人经验的方法时，当人们从讨论问题转向讨论解决时，人们自然会发生改变。因此，焦点解决咨询师以来访者为主展开工作，努力与来访者呆在一起，而不是去关注深层的东西、高高在上的东西或确认事件的前因后果。对于该模式的研究表明，这种框架替代后的咨询过程同样带来有效咨询和长时间的改变。如果咨询师可以确定结果是好的，那么我们对模式、对“隐喻”的选择实质上只是一个审美问题，而非实用问题：“我选择以哪种方式看待一起工作的人，我希望与来访者发展哪种关系，以及哪种思维方式更有可能促成好的结果。”即使有时我们会忘记这一点，将它们看作真实的来对待，就好像表面和深层都真实存在，我们需要记住，它仅仅是一个隐喻，而不要在我们的脑海中和刻板的专业训练的过程中进行武断的区分。

94

不处理情绪

“当你感到开心的时候，都在做些什么？”反对者们经常用此类问题指责焦点解决咨询师忽略了情绪和感受。就结果而言，如果来访者确实感觉咨询师忽略了他们的感受，那咨询有可能会失败；但是，正如我们所见，焦点解决具有实证基础。事实上，在每个焦点解决会谈中，咨询师会不断确认来访者的感受（“听起来你度过了一段艰难的时间”），甚至有时直接询问感受，例如“如果当你明天早上醒来时感觉更开心，请你告诉我这种感觉会是什么样的？”但是，确实可以说咨询师不会“处理”情绪，而是很快切换到讨论行为。

米勒·斯考特和德·沙泽尔（2000）在《焦点解决治疗中的情绪》一文中，引用了维特根斯坦哲学说明讨论行为的重要性。他们提出，情绪不能作为个人经验中单独的方面进行处理，这样做等于将情绪具体化为一个东西，一个驱动人们有不同表现的“引擎”。例如，来访者谈论他们如何无法控制自己的愤怒，咨询师就会让他们进行“愤怒管理”。而米勒和德·沙泽尔让我们从另一个角度看待来访者的情绪，情绪与其所体验的独特的社会环境相关联。例如，如果来访者用“愤怒”或“沮丧”描述自己，咨询师应当思考“在什么环境中来访者感到愤怒/沮丧，在这些环境中什么会让他们知道事情得到改善了？”

因此，聚焦问题的方法更倾向于关注具有问题的情绪，例如愤怒和抑郁，而焦点解决咨询师会认同个体的感受，然后试图开启对话，激发出对来访者来说是*资源*的情绪，包括乐观、自信。因为“根据维特根斯坦的理论说法，为了能够谈论‘内部过程’，我们需要可以被参照并与他人分享的外在标准”，所以关注点一直在于情绪的*作用*（Miller & de Shazer，2000）。

对此，SFBT 的密尔沃基团队原始成员之一伊芙·里普切克（Eve Lipchik），生物学家马图拉纳（Uaturana）的追随者，提出“情绪是动机的基础，并且动机决定着我们的选择，而非思维”（Lipchik *et al.*，2005：59），以及“情绪会迅速淹没理性思维，而理性思维很难调整情绪”（Lipchik *et al.*，2005：52）。与传统焦点解决实践相比，里普切克和她的同事在处理情绪上更加谨慎。例如，她提到：

> 神经科学的发展……表明，可能存在一些来访者无法、不愿意有效合作的情况。例如，他们可能无法得到有助于解决的具体记忆，因为这些记忆储存在大脑的某个地方，而无法通过认知提取……因此，通过学习某些新方法与来访者建立联系，探索促进聚焦解决的可能性将十分具有挑战，例如通过探寻情绪和身体语言等非语言方法。
>
> （*Lipchik*，*2005:69*）

例如，这可能会涉及询问来访者，他们会在身体的哪个部位体验到自己的情绪。当一个来访者希望减少愤怒对自己的控制，咨询师可能询问什么情绪会替代愤怒；如果来访者回应“平和和宁静”，咨询师可以问她：“那你身体的哪个部位会体验到平和和宁静？”基于大脑如何“学习”的观点，还有一个建议是“重复那些可能带来解决方案的思想和行为，可能对 SF 咨询师很有帮助”（Lipchik *et al.*，2005：63）。

里普切克这些有趣的观点，存在着违背 SFBT 的一个关键界限的风险：咨询师“保持未知”的立场。运用“专家”知识，而不是与来访者分享，会改变心理治疗关系的本质。这并不必然更好或者更糟，但这是有区别的。而对神经科学理论的关注会影响对来访者自己发现什么是最好的探索。

但是，神经科学还处于萌芽时期，我们还无法得知神经科学的观点会对SFBT乃至所有心理治疗的方法带来怎样的影响。

95

这不就是一个基于优势的方法吗

这个想法将识别来访者的优势和资源错误地视为 SFBT 的主要目标，好像仅仅总结所有的优点就足以让来访者找到自己的方向。焦点解决的咨询师关注来访者优势和资源，但只关注那些有助于达成咨询目标的部分。

乔茜：我正在努力，我正在慢慢地变好。

咨询师：你做了什么？

乔茜：我开始努力自己做事情，所以我开始去散步。

咨询师：你是怎么做到的呢？我们都知道这是一个好想法。但是这需要巨大的勇气，而且是你之前最不想做的事情……

乔茜：一开始我向朋友借了一条狗，所以我就不得不出门了。

咨询师：这真有创意！

乔茜：[笑]……我已经这样做过几次了。

咨询师：当你做了这些后，你有什么感受？

乔茜：好极了，就像在月亮上面。

咨询师：那么，在自己处理好事情的方面，你的勇敢和创造力还怎样帮到了你？

乔茜：我去了超市，就在路对面。

咨询师：当你经历了这一切之后，这条路会变得非常宽。你是怎么做到的？

乔茜：这真的很傻，我就是跟自己说话。我不知道其他人怎么想，但是我说“走到大门，你可以随时往回走”。我只是一步步地这样做，告诉自己我随时可以转身回去。

咨询师：所以你找到了一种陪伴自己的方法！你真的很有创造力，不是么？

随着乔茜露出更多的笑容，她列出了一些更加有创意的关于勇气的行动。

在这个案例中，创造力和勇气是咨询师识别出来的“优势”，乔茜也渐渐接受了。这两个优势用于实现她的希望——“重新回到正常的生活”。大卫是一个害羞的脱口秀喜剧演员，每次表演中的“勇气和创造”只是他的日常工作，因此在与大卫的会谈中，这些优势是不适用的，他希望在与女性的一对一交往中更加自信。那么，让他的开放、自黑式的幽默适应于更正式的交谈，会对他更有帮助。他在表演时不会隐藏自己，从而探索如何在两性关系中不隐藏自己。

因此，在焦点解决对话中，对优势和其他积极品质的识别并不是结束。每一个“优势”都提供了相关行为的描述方式，无论来访者当时是否“感觉”到这个优势，这些行为都有可能发生。就像情绪或感受，优势也是来访者隐藏的内心世界的一部分，而焦点解决咨询师乐于帮助来访者识别他们是如何在现实世界中证明自己的。承认负向感受，尤其是那些与问题相关的负向感受（就像在社交性地表达接受这种情绪一样），但是不深究它们。杰克希望自己*不再*为去世已久的妻子哭泣。当他在会谈中开始哭泣时，咨询师接纳他的痛苦，然后向前推进（“你一定因此很受伤……你希望什么开始取代哭泣？”）。并不是说哭泣本身是有问题的。除了哭泣会妨碍生活的时候，就像杰克现在的情况，哭泣是一个完全正向和创造性的情绪，是生活的一部分。

96

从文化的角度怎么来看

在多种文化背景下，SFBT 都得以繁荣发展，并且被视为是文化特异性的 。因为 SFBT 有意识地减少心理学理论，所以对于需要来访者适应咨询师观点而非坚持其自身观点的文化霸权主义而言，SFBT 并不是一个好的工具。可想而知，开场白“你对我们一起工作的最佳期待是什么”也十分贴近于一个普遍可接受的问题。因为对这一问题的回答以及对其他每一个问题的回答，都只来源于来访者自己，所以虽然咨询师（而不是来访者）以未来为导向通过提问将对话推动到极致，但是会谈的内容是由来访者决定的。

伊芙和她的儿子艾布拉姆分别因为心理健康和儿童服务前来咨询。伊芙因为某一天晚上伤害她的儿子，并试图勒死他，而强制到精神病医院住院 28 天，而目前即将出院。因为伊芙此时仍是精神病患者，于是多住了几天。她不会说英语，是非洲大使馆的佣人。艾布拉姆 14 岁，正在上学，可以说流利的英语，但是在会谈中他只礼貌地说你好和再见。因此，他们通过翻译进行对话。而这位翻译认为咨询师的提问，尤其是奇迹问句是专门为了他的“国家”提出的，他认为这很奇妙。会谈的大部分都通过一个将她目前的目标具体化的量尺——在白板上画上山的图画来进行：“医院”在山脚，而伊芙的期待“身体健康”则是山峰；以及接下来可能的关于进步的小标记。

在第二次会谈中，伊芙报告了很多正向变化，会谈初期咨询师学会了如何用伊芙的语言询问“还有么？”。这让伊芙非常高兴，她的回应明显增多了。但艾布拉姆没有这样的情况。第三次会谈时（直接询问伊芙很多连续的“还有么”），她状态不错，搬进了新家，并且虽然艾布拉姆依旧被寄养，但他每天都会回家，没有报告表示担心。伊芙对她的治疗表示惊奇。她几乎无法相信这都是免费的，并且她和她的儿子都得到了很好的照顾。她失去了在大使馆的工作，但是他们帮助她找到一个新公寓并且付了款。她不知道自己为什么会“失去理智”，但是她预先几周体验了可能的迹象。现在她知道这些都会带来什么而且帮助是立竿见影的，让她确信她再不会“走远”了。

伊芙发现了自己前进的方向（希望在这个过程中治疗有所帮助），在之后四年的追踪中（翻译成为了她们家的朋友，并且四年后偶遇了咨询师），伊芙顺利定居，开始说英语，有一份工作，再也没有出现精神病症状。艾布拉姆也彻底搬回家，完成了学业，有望能上大学。

在这次工作中，咨询师从未试图理解是哪里发生了错误，也没有试图在文化或其他条框下进行解释。咨询师只是简单地给予伊芙信任，和对待其他来访者的方式一样。他假定伊芙是最了解如何解决困难、处理好自己生活的人，并且即便不能理解她的想法，也相信她的答案会告诉她一个活下去的可行方法。

97

这不就是一个解决问题的方法吗

对于这个问题的回答，主要取决于问的人是谁。如果我们问结束咨询工作时最感激的来访者，他们很可能会同意这个命题。他们体验到，当他们前来咨询时，自己受到一个问题的困扰，在大脑中没有一个偏好的未来或急迫的“最好的期待”。而在咨询的过程中他们发现了解决困难的方式。相对而言大多数来访者并不关心咨询师的独特方法，而仅仅关心他们是否从痛苦中得到解放，并且到他们确实缓解了的程度，他们的问题就解决了。

从咨询师的角度而言，“解决问题”和“构建解决之道”在方法上有着相当大的差异，而且毋庸置疑这种差异具有重要意义。确实，其重要性的程度类似于早年传统疗法的咨询师对 SFBT 的看法：即便没有违反道德及存在危险性，SFBT 也是不恰当的。他们没有将 SFBT 仅仅当作另一种“解决问题”的方式，而是关注清晰、明显的差异。他们的疑问是，焦点解决咨询师如果不做传统咨询师做的那些解决问题的事情，怎么可以希望带来持久改变。

焦点解决方法的核心是引导来访者形成对未来生活画面的具体描述。这个画面是当他们对咨询的“最好的期待”得以实现时的画面，而且不由他们前来咨询的问题而决定。从这种特殊意义而言，问题与解决之道没有直接的联系。一位来访者因为工作压力前来咨询，咨询师引导其注意她感觉压力较小的日子，她发现当她有一个午间休息而不是在工位上吃午餐的时候，自己会感觉更好。解决问题的方法会聚焦于来访者生活中的压力来源，引导来访者对此做些事情，无论这些事情是什么。但是，咨询师会建议来访者尝试每天都有一个午餐休息，并且观察这会带来什么不同。换句话说，SFBT 鼓励来访者关注所期待未来的一些线索，这些线索在生活中已经存在，然后重复这些事情。这一过程是两种方法（解决问题和焦点解决）本质上的和最明显的不同，值得用不同的描述来突出这种差异性。

98

这是一个公式化的方法

我们更喜欢称 SFBT 是一个“有套路的”方法。会谈中一个有明确定义的结构帮助咨询师知道自己的方向。在每一个咨询会谈中都有着太多需要注意的内容，所以一个经过反复考验的程序可以让复杂的任务更加简单。

不可否认，就问题的意义而言，有一些显然是公式化的问句经常被重复，还有一些问句会在一次次会谈中固定使用。“最好的期待”问句通常用于第一次会谈，“还有么”等问句在每次会谈中都会重复使用。后续的每一次会谈的开始都会用“什么变好了”以及量尺问句，例如在每一次会谈中刻意使用量尺问句作为从字面上评估进步的一种方式。南希·克莱恩（Nancy Kline）的评论非常贴切：“只要问句产生了新的观点，那么这个问句本身就是新的。”（Kline，1999：158）

1991 年，我们第一次邀请了比尔·奥汉隆讲述他的焦点取向高效治疗的结构。虽然他详细地讲述了聚焦未来问句的使用，但是他没有提到奇迹问句（Miracle Question）。我们问他为什么，他说：“我不喜欢使用公式化的问句。”他解释道，这些问句束缚了他的风格，他更偏爱面对来访者时自然的反应。甚至和德·沙泽尔、茵素·金·伯格一起创立了 SFBT 的伊芙·里普切克也说“我变得重视理论支持，至少跟重视技术的程度一样”（Lipchik，2009：60），并抱怨当 SFBT“在方式上”变得越来越“公式化”，其呈现形式也越来越多，核心技术“占据了他们自己的生活”。她“得出一个结论，如果一个咨询师将理念内化，他或她不会再困惑下一个问题问什么”（2009：55）。

我们相信，在焦点解决“手册”中有着一系列不同的问句足够我们使用，而无须担心过于死板或者是预先准备的 。但是，这里还需要提到很重要的一点。1997 年，*British Journal of Family Therapy* 发行了一个特刊，其中德·沙泽尔和茵素·金·伯格发表了一篇短小的介绍性的论文，在文中他们描绘了 SFBT 的四个“典型特征”。第一个特征是这样说的：“在第一次会谈的某个时间，咨询师会询问‘奇迹问句’”（de Shazer & Berg，1997:123）。的确，公式化！但是，他们的重点在于“在研究背景下，所用的模式必须明显，能够被清晰地证明”（出处同上）。他们继续说道：“很显然，这些特征的存在不能说明咨询质量的任何问题。”（出处同上）仅有的事实是，不能保证问出奇迹问句的人就做得好。但是这对于研究者是必须的，“让研究者能够证明所研究的咨询模式确实是咨询师正在使用的模式”（出处同上）。

学习一个新方法是很困难的。我们建议初始者一开始可以依样画葫芦地（僵硬地、公式化地）按照 SFBT 的结构，在一些年的实践之后，*然后*开始即兴工作，并且像比尔·奥汉隆一样发现适合自己个人的风格。

99

可以和其他方法一起使用吗

SFBT 可以与其他方法一起使用。但是认为 SFBT 可以与其他方法相整合，则是错误的。SFBT 独特的哲学和语言表明，当正在使用聚焦问题的方法而加入焦点解决的问句时，就好像咨询师从一个问题焦点转向了一个解决焦点然后又返回。换句话说，它们是*折中*的，而非*整合*的。

焦点解决问句可以被其他方法的咨询师所整合，而且使用这些问句显然对治疗的努力有帮助。例如，聚焦未来的问句可以引出来访者的期待，量尺问句检验来访者所取得进步的程度。从这种意义而言，即使有些人是心理动力学取向的（作为一个例子，通常被视为与短程疗法差距最大的疗法），他们也可以充分利用焦点解决问句。

另一个问题是，什么方法是最接近焦点解决的。确实，当焦点解决咨询师自己卡住或者失败的时候，他们会用什么方法呢？迈克尔・霍伊特（Michael Hoyt）在标题“打开镜头”下写到，建议咨询师从各种模式中进行借鉴，与“焦点解决的基本观点‘做有用的’”相符合，但是他又说：“但是，所有咨询师或多或少要思考他们‘做的什么有用’（他们做这些还有什么其他的理由），所以，看起来建立一个更明确的标准是合理的，用以分辨什么是与焦点解决干预的理念和意图相一致的”（Hoyt，2009:177–178）。他特别引入了动机面询（Motivationat Interviewing）、欣赏式面询（Appreciative Inquiry）、叙事疗法（Narrative Therapy）和 MRI 疗法（在焦点解决之前，是高效疗法的先导，在这种方法中强调“慢慢处理信息”和“挫折预期”为关键），他认为基于能力的干预（intervention）

和观点是最接近SFBT的（Hoyt,2009:179–182）。1994年德·沙泽尔作为BRIEF的成员出席MRI大会并发言，他说当焦点解决不再有效，他和他的团队接下来要做的将是“看起来很像是他们所在做的样子”。

霍伊特也说，对于“仁慈，幽默，信仰，尊重和爱”：

> 这些经常被假定或者视为理所当然的品质，提供了各种技术产生的土壤。焦点解决咨询师秉持着深层、持久的信念进行工作，他们相信如果治疗正确，人们是有能力的，能胜任的。我们正在寻找他们的解决之道，并且虽然不是总是这样，但是我通常都发现我越努力倾听，来访者就越聪明——往往在我没有期望到，或者想象到的地方。这种信念让焦点解决咨询师能够“寻找光明，而非诅咒黑暗”。
>
> （*Hoyt*，*2009*：*181*）

100

自助的 SFBT

关于焦点解决方法的自助手册有很多（Weiner-Davis，1992，2001；O’Hanlon & Hudson，1994；Miller & Berg，1995；O'Hanlon，1999；Metcalf，2004）。应用很简单、直接，但是就像所有的自助内容一样，其困难也很清晰——如何让一个人在他人（咨询师或教练）不在场的时候足够地努力，通常咨询师或教练的坚持会让我们度过那些自己容易放弃的时刻。当遇到任何困难的时候，我们可以问自己：

- 我如何知道问题已经解决了？
- 解决之后会带来的 20 个不同是什么？
- 能够告诉别人问题已经解决了的 20 个迹象是什么？
- 从 0 ~ 10 分，10 分代表了完全解决，0 分则是完全相反，我自己处于几分？
- 我所能注意到的、让我知道我现在在这个分数而不是更低的 10 件事是什么？
- 别人会注意到的 10 件事是什么？
- 我和他人如何会发现，我在量尺上提高了一分？在所有能够证明自己提高了一分的事情中，在下一周自己最容易持续实践的两件事是什么，并且观察这会给我自己的生活带来什么不同？

正如我们所看到的，焦点解决问句的应用很简单。下面做一个关于新年的实用练习：想象现在是 12 月 31 日，一年的最后一天，当你回顾自己的一年，你发现这一年里在每个方面你都充分做了自己能做的。

- 什么会告诉你，这一年就像你所期望的那么好？
- 什么会让别人知道，这一年你有着很大的进步？
- 告诉你自己在正确的方向取得了进步的最小的标志是什么？

当你每两星期回顾一次自己的目标时，一个简单的量尺会帮助你记录自己的进步。

让我们再举一个例子。回想你生活中十分希望有所改善的一段关系。拿一张纸，写下对方的 20 个改变，当这些改变发生时你会感觉到两个人关系变好。完成之后坐下，将纸放到面前，别着急，仔细阅读你列出来的清单至少一遍，想象当你看到这些改变发生时会感到怎样的开心，并且对方将让你有怎样不同的感受，怎样的亲切，怎样的温暖，或者怎样的感谢和感激。当体会了这些变化之后，拿出另一张纸，写下 40 个对方所会发现的你的改变，从最明显的笑容、一杯茶、一句早安，到更细微的——可能你跟你们共同的熟人讨论他的方式等等。再次阅读这个你自己的改变清单，然后把第一个清单——描述对方变化的清单撕碎扔掉。接下来的一周，你就像对方已经发生改变了那样去做，观察会有什么不同。

焦点解决自助问句的可能性是无限的。祝好运。

参考文献

Andersen, T. (Ed.) (1990) *The Reflecting Team: Dialogue and Dialogues about the Dialogues.* Broadstairs, Kent: Borgmann.

Badarraco, J. (2001) We don't need another hero. *Harvard Business Review*, 79(8): 120–126.

Berg, I. K. (1991) *Family Preservation.* London: Brief Therapy Press.

Berg, I. K. and de Shazer, S. (1993) Making numbers talk: language in therapy. In S. Friedman (Ed.), *The New Language of Change: Constructive Collaboration in Psychotherapy.* New York: Guilford Press.

Berg, I. K. and Miller, S. (1992) *Working with the Problem Drinker: A Solution Focused Approach.* New York: W. W. Norton.

Berg, I. K. and Shilts, L. (2005) Keeping the solutions inside the classroom. *ASCA School Counselor*, July/August.

Berg, I. K. and Steiner, T. (2003) *Children's Solution Work.* New York: W. W. Norton.

Beyebach, M. and Carranza, V. E. (1997) Therapeutic interaction and dropout: measuring relational communication in solution-focused therapy. *Journal of Family Therapy*, 19: 173–212.

Bliss, E. V. and Edmonds, G. (2008) *A Self-determined Future with Asperger's Syndrome: Solution Focused Approaches.* London: Jessica Kingsley.

Buckingham, M. and Coffman, C. (1999) *First, Break All the Rules.* New York: Simon & Schuster.

Cade, B. (2007) Springs, streams and tributaries: a history of the brief, solution-focused approach. In T. Nelson and F. Thomas (Eds.), *Handbook of Solution-Focused Brief Therapy.* New York: Haworth.

Cockburn, J. T., Thomas, F. N. and Cockburn, O. J. (1997) Solution-focused therapy and psychosocial adjustment to orthopedic rehabilitation in a work hardening program. *Journal of Occupational Rehabilitation*, 7: 97–106.

DeJong, P. and Berg, I. K. (2008) *Interviewing for Solutions* (3rd edn.). Pacific Grove, CA: Brooks/Cole.

de Shazer, S. (1982) *Patterns of Brief Family Therapy.* New York: Guilford Press.

de Shazer, S. (1984) The death of resistance. *Family Process*, 23: 11–17.

de Shazer, S. (1985) *Keys to Solution in Brief Therapy.* New York: W. W. Norton.

de Shazer, S. (1987) Minimal elegance. *Family Therapy Networker*, 11: 57–60.

de Shazer, S. (1988) *Clues: Investigating Solutions in Brief Therapy.* New York: W. W. Norton.

de Shazer, S. (1989) Resistance revisited. *Contemporary Family Therapy*, 11: 227–233.

de Shazer, S. (1991) *Putting Difference to Work.* New York: W. W. Norton.

de Shazer, S. (1994) *Words were Originally Magic*. New York: W. W. Norton.
de Shazer, S. (1995) *Coming Through The Ceiling*. Training video (available at: www.sfbta.org).
de Shazer, S. (1998) *Radical acceptance* (accessed 20 February 1998 from website of BFTC).
de Shazer, S. (2001) Handout at presentation for BRIEF, entitled 'Conversations with Steve de Shazer'.
de Shazer, S. and Berg, I. K. (1997) 'What works?' Remarks on research aspects of solution-focused brief therapy. *Journal of Family Therapy*, 19: 121–124.
de Shazer, S. and Isebaert, L. (2003) The Bruges Model: a solution-focused approach to problem drinking. *Journal of Family Psychotherapy*, 14: 43–52.
de Shazer, S., Berg, I. K., Lipchik, L., Nunnally, E., Molnar, A., Gingerich, W. *et al.* (1986) Brief therapy: focused solution development. *Family Process*, 25: 207–222.
de Shazer, S., Dolan, Y., Korman, H., Trepper, T., McCollum, E. and Berg, I. K. (2007) *More than Miracles: The State of the Art of Solution-Focused Brief Therapy*. New York: Haworth.
Dolan, Y. (1991) *Resolving Sexual Abuse*. New York: W. W. Norton.
Dolan, Y. (2000) *Beyond Survival*. London: Brief Therapy Press.
Eakes, G., Walsh, S., Markowski, M., Cain, H. and Swanson, M. (1997) Family-centred brief solution-focused therapy with chronic schizophrenia: a pilot study. *Journal of Family Therapy*, 19: 145–158.
Franklin, C., Moore, K. and Hopson, L. (2008) Effectiveness of solution-focused brief therapy in a school setting. *Children and Schools*, 30: 15–26.
Freud, S. (1912) *The Dynamics of Transference*. Standard Edition, Vol. XII. London: The Hogarth Press.
George, E., Iveson, C. and Ratner, H. (1999) *Problem to Solution: Brief Therapy with Individuals and Families* (revised and expanded edition). London: Brief Therapy Press.
Gergen, K. J. (1999) *An Invitation to Social Construction*. London: Sage.
Haley, J. (1973) *Uncommon Therapy: The Psychiatric Techniques of Milton H. Erickson, M.D.* New York: W. W. Norton.
Harker, M. (2001) How to build solutions at meetings. In Y. Ajmal and I. Rees (Eds.), *Solutions in Schools*. London: Brief Therapy Press.
Herrero de Vega, M. (2006) Un estudio sobre el proceso de cambio terapéutico: el manejo de 'casos atascados' en terapia sistémica breve [A study of therapeutic change: handling 'stuck cases' in brief systemic therapy]. Unpublished doctoral dissertation, Department of Psychology, Pontifical University of Salamanca, Salamanca, Spain.
Hillel, V. and Smith, E. (2001) Empowering students to empower others. In Y. Ajmal and I. Rees (Eds.), *Solutions in Schools*. London: Brief Therapy Press.
Hoyt, M. H. (2009) *Brief Psychotherapies: Principles and Practices*. Phoenix, AZ: Zeig, Tucker & Theisen.
Iveson, C. (1994) *Preferred Futures – Exceptional Pasts*. Presentation to the European Brief Therapy Association Conference, Stockholm.
Iveson, C. (2001) *Whose Life? Working with Older People*. London: Brief

Therapy Press.
Iveson, C., George, E. and Ratner, H. (2012) *Brief Coaching: A Solution Focused Approach*. London: Routledge
Kelly, M., Kim, J. and Franklin, C. (2008) *Solution Focused Brief Therapy in Schools: A 360-Degree View of Research and Practice.* Oxford: Oxford University Press.
Kline, N. (1999) *A Time to Think*. London: Cassell.
Korman, H. (2004) *The Common Project* (available at: www.sikt.nu).
Lee, M. Y. (1997) A study of solution-focused brief family therapy: outcomes and issues. *American Journal of Family Therapy*, 25: 3–17.
Lee, M. Y., Greene, G. J., Uken, A., Sebold, J. and Rheinsheld, J. (1997) Solution-focused brief group treatment: a viable modality for domestic violence offenders? *Journal of Collaborative Therapies*, IV: 10–17.
Lee, M. Y., Sebold, J. and Uken, A. (2003) *Solution-Focused Treatment of Domestic Violence Offenders*. New York: Oxford University Press.
Lethem, J. (1994) *Moved to Tears, Moved to Action: Brief Therapy with Women and Children.* London: Brief Therapy Press.
Lindforss, L. and Magnusson, D. (1997) Solution-focused therapy in prison. *Contemporary Family Therapy*, 19: 89–104.
Lipchik, E. (1986) The purposeful interview. *Journal of Strategic and Systemic Therapies*, 5(1/2): 88–99.
Lipchik, E. (2005) An interview with Eve Lipchik: expanding solution-focused thinking. *Journal of Systemic Therapies*, 24(1): 67–74.
Lipchik, E. (2009) A solution focused journey. In E. Connie and L. Metcalf (Eds.), *The Art of Solution Focused Therapy*. New York: Springer.
Lipchik, E., Becker, M., Brasher, B., Derks, J. and Volkmann, J. (2005) Neuroscience: a new direction for solution-focused thinkers? *Journal of Systemic Therapies*, 24(3): 49–69.
Littrell, J. M., Malia, J. A. and Vanderwood, M. (1995) Single-session brief counseling in a high school. *Journal of Counseling and Development*, 73: 451–458.
Losada, M. and Heaphy, E. (2004) The role of positivity and connectivity in the performance of business teams: a nonlinear dynamics model. *American Behavioral Scientist*, 47: 740–765.
Macdonald, A. (1997) Brief therapy in adult psychiatry: further outcomes. *Journal of Family Therapy*, 19: 213–222.
Macdonald, A. (2005) Brief therapy in adult psychiatry: results from 15 years of practice. *Journal of Family Therapy*, 27: 65–75.
Macdonald, A. (2011) Website of Alasdair Macdonald, keeping an up-to-date eye on all the research in the SFBT field (available at: www.solutionsdoc.co.uk/sft.html).
Mahlberg, K. and Sjoblom, M. (2004) *Solution Focused Education: For a Happier School* (available at: www.fkce.se).
McKergow, M. and Korman, H. (2009) In between – neither inside or outside: the radical simplicity of solution-focused brief therapy. *Journal of Systemic Therapies*, 28(2): 34–49.
Metcalf, L. (1998) *Solution Focused Group Therapy.* New York: Simon & Schuster.
Metcalf, L. (2003) *Teaching Towards Solutions: A Solution Focused Guide to Improving Student Behaviour, Grades, Parental Support and Staff*

Morale (2nd edn.). Arlington, TX: Metcalf & Metcalf Family Clinic.
Metcalf, L. (2004) *The Miracle Question: Answer It and Change Your Life.* Carmarthen, Wales: Crown House Publishing.
Metcalf, L. (2009) *The Field Guide to Counselling Towards Solutions: The Solution Focused School.* San Francisco, CA: Jossey-Bass.
Miller, G. (1997) *Becoming Miracle Workers: Language and Meaning in Brief Therapy.* New York: Aldine de Gruyter.
Miller, G. and de Shazer, S. (1998) Have you heard the latest rumor about . . .? Solution-focused therapy as a rumor. *Family Process*, 37: 363–377.
Miller, G. and de Shazer, S. (2000) Emotions in solution-focused therapy: a re-examination. *Family Process*, 39: 5–23.
Miller, S. and Berg, I. K. (1995) *The Miracle Method: A Radically New Approach to Problem Drinking.* New York: W. W. Norton.
Mintzberg, H. (1999, Spring) Managing quietly. *Leader to Leader*, pp. 24-30.
Norman, H. (2003) Solution-focused reflecting team. In B. O'Connell and S. Palmer (Eds.), *Handbook of Solution-Focused Therapy*. London: Sage.
Norum, D. (2000) The family has the solution. *Journal of Systemic Therapies*, 19(1): 3–15.
Nunnally, E., de Shazer, S., Lipchik, E. and Berg, I. K. (1985) A study of change: therapeutic theory in process. In E. Efron (Ed.), *Journeys: Expansion of the Strategic-Systemic Therapies.* New York: Brunner/ Mazel.
Nylund, D. and Corsiglia, V. (1994) Becoming solution-focused in brief therapy: remembering something important we already knew. *Journal of Systemic Therapies*, 13(1): 5–12.
O'Hanlon, B. (1999) *Do One Thing Different: And Other Uncommonly Simple Solutions to Life's Persistent Problems.* New York: Morrow.
O'Hanlon, B. and Beadle, S. (1996) *A Field Guide to PossibilityLand.* London: Brief Therapy Press.
O'Hanlon, B. and Bertolino, B. (1998) *Even from a Broken Web: Brief, Respectful Solution-Oriented Therapy for Sexual Abuse and Trauma.* New York: Wiley.
O'Hanlon, W. and Hudson, P. (1994) *Love is a Verb: How to Stop Analysing Your Relationship and Start Making it Great.* New York: W. W. Norton.
Perkins, R. (2006) *The effectiveness of one session of therapy using a single-session therapy approach for children and adolescents with mental health problems* (cited at www.solutionsdoc.co.uk).
Rhodes, J. and Ajmal, Y. (1995) *Solution Focused Thinking in Schools.* London: Brief Therapy Press.
Seidel, A. and Hedley, D. (2008) The use of solution-focused brief therapy with older adults in Mexico: a preliminary study. *American Journal of Family Therapy*, 36: 242–252.
Sharry, J. (2007) *Solution Focused Group Work* (2nd edn.). London: Sage.
Shennan, G. and Iveson, C. (2011) From solution to description: practice and research in tandem. In C. Franklin, T. S. Trepper, W. J. Gingerich and E. E. McCollum (Eds.), *Solution-focused Brief Therapy: A Handbook of Evidence-based Practice.* New York: Oxford University Press.

Shilts, L. (2008) The WOWW Program. In P. DeJong and I. K. Berg (Eds.), *Interviewing for Solutions* (3rd edn.). Pacific Grove, CA: Brooks/ Cole.

Simon, J. (2010) *Solution Focused Practice in End-of-Life and Grief Counseling.* New York: Springer.

Simon, J. and Nelson, T. (2007) *Solution Focused Brief Practice with Long Term Clients in Mental Health Services: 'I Am More Than My Label'.* New York: Haworth.

Sundman, P. (1997) Solution-focused ideas in social work. *Journal of Family Therapy*, 19: 159–172.

Tohn, S. L. and Oshlag, J. A. (1997) *Crossing the Bridge: Integrating Solution-Focused Therapy into Clinical Practice.* Sudbury, MA: Solutions Press.

Turnell, A. and Edwards, S. (1999) *Signs of Safety.* New York: W. W. Norton.

Wade, A. (1997) Small acts of living: everyday resistance to violence and other forms of oppression. *Contemporary Family Therapy*, 19: 23–39.

Wagner, P. and Gillies, E. (2001) Consultation: a solution-focused approach. In Y. Ajmal and I. Rees (Eds.), *Solutions in Schools.* London: Brief Therapy Press.

Walsh, T. (2010) *The Solution-Focused Helper.* London: McGraw-Hill.

Watzlawick, P., Weakland, J. and Fisch, R. (1974) *Change: Principles of Problem Formation and Problem Resolution.* New York: W. W. Norton.

Weakland, J., Fisch, R., Watzlawick, P. and Bodin, A. (1974) Brief therapy: focused problem resolution. *Family Process*, 13: 141–168.

Weiner-Davis, M. (1992) *Divorce Busting.* New York: Simon & Schuster.

Weiner-Davis, M. (2001) *The Divorce Remedy.* New York: Simon & Schuster.

Weiner-Davis, M., de Shazer, S. and Gingerich, W. (1987) Building on pretreatment change to construct the therapeutic solution: an exploratory study. *Journal of Family and Marital Therapy*, 13: 359–363.

Young, S. (2009) *Solution-Focused Schools: Anti-Bullying and Beyond.* London: Brief Therapy Press.

Zimmerman, T. S., Jacobsen, R. B., MacIntyre, M. and Watson, C. (1996) Solution-focused parenting groups: an empirical study. *Journal of Systemic Therapies*, 15: 12–25.

Zimmerman, T. S., Prest, L. A. and Wetzel, B. E. (1997) Solution-focused couples therapy groups: an empirical study. *Journal of Family Therapy*, 19: 125–144.

专业名词英中文对照表

A

Assessment 评估

B

Best hopes 最好的希望

C

Coaching 教练
Compliment 赞美
Constructivism 建构论
Contract 合约
Coping Question 应对问句

E

Exception Question 例外问句

F

First Session Formula Task 首次会谈公式任务

I

Identity Question 自我认同问句
Instance Question 例子问句

M

Miracle Question 奇迹问句
Multi-scaling 多重量尺

O

Outcome Question 结果问句

P

Positive approach 正向疗法

Post-structuralist 后结构主义

Preferred future 期待的未来

Pre-meeting change 会谈前改变

Problem talk 问题谈话

Problem-free talk “远离”问题的谈话

R

Reframing 重构

Relationship Question 关系问句

Resistance 阻抗

S

Safeguarding 安全保护

Scale Question 量尺问句

Sign 迹象

Social Constructionism 社会建构主义

Solution focused approaches 焦点解决取向

Solution focused practice 焦点解决实践

Solution talk 方案谈话

Strategy Question 策略性问句

Strength-based 优势取向

Supervision 督导

T

Tomorrow Question 明天问句

W

Work through 修通

WOWW（Working On What Works）有用的多做

POSTSCRIPT

译后记

2011 年的 11 月，在加拿大银装素裹像童话一样美丽的班夫国家公园，焦点解决短程治疗协会年会如期举行。在年会上，来自世界各地的 SFBT 专业人士和爱好者参加了多场工作坊，听取了焦点解决领域国际知名专家学者的演讲，同行间有丰富的交流。在会议第三天的晚上，我们约到史蒂夫和茵素的学生和亲密伙伴、《超越奇迹》的共同作者、美国家庭治疗师伊冯·多兰（Yvonne Dolan）一起共进晚餐。

在一家小小的日式餐馆，圣诞节前的霓虹彩灯闪闪烁烁，房间内壁炉的火熊熊燃烧，在那个温馨的晚宴中，我再一次体会到了焦点解决是如何不着痕迹地应用于我们的日常生活和工作，焦点解决是如何体现它发自内心的对人的好奇以及深深的赞美和欣赏。多兰带着温暖的笑容，眼睛亮闪闪地看着我："赵然博士，你从北京抵达加拿大的班夫参加 SFBT 年会，大约要经历多长时间的跨国飞行？"我告诉她说："从北京出发经过在温哥华转机到卡尔加里，然后租车到达会议地点差不多要经历将近 20 小时。"。然后多兰好奇地问道："经历了近 20 小时的跨国飞行，你是怎么做到还像鲜花一样美丽？"在那一刻，我体会到了焦点解决赞美的巨大力量，一句引发自我赞美的问话，让我在多年以后，仍然记忆犹新！

《焦点解决短程治疗：100 个关键点与技巧》这本书，与我们在咨询、教练、培训和教育等领域进行 SFBT 实践和探索的翻译团队"一见钟情"。近十年来，国内翻译的 SFBT 书籍越来越丰富，有的书籍理论精深而全面，有的书籍案例丰富而细致，更有像许维素、骆宏、史占彪、高德明等老师和他们带领的学生，对于 SFBT 本土化应用的宝贵探索。而这本书就像是从事焦点解决短程治疗专业人士的一本枕边书，一本可以放在包里随时翻阅的手册。它清晰而全面地介绍了焦点解决实践的历史背景、哲学基础、技术与操作流程、在儿童和青少年、学校和家庭中的应用、困难状况的处理，以及 SFBT 如何运用在组织情境中，包括管理、教练和领导力等热门领域。

其实，在翻译过程中最困难的是关于焦点解决短程治疗的哲学基础与基本假设部分。这部分的理解和掌握决定了一个咨询师是真正的焦点解决取向，还是只是使用 SFBT 的工具而遵循的依然是问题取向的咨询师。维特根斯坦的语言和社会建构主义让我们知道，SFBT 是生长于后现代哲学土壤上的流派而不仅仅是一个技术；对于焦点解决短程治疗的基本假设、咨询师与来访者的关系、焦点解决短程治疗的有效性问题的回答，可以帮助咨询师在实践过程中，不断扪心自问自己对于 SFBT 理解和掌握。本书对于 SFBT 咨询流程的介绍逻辑清楚，过程生动；对于在不同领域的实践介绍，让读者可以了解 SFBT 实践应用的前沿状况与实证效果；在第十六部分对于常见问题的回答，更是非常精彩，可以成为从事 SFBT 的伙伴遇到“挑战”性问题时的参考答案。

总之，这是我们经过“千挑万选”，而且“迫不及待”翻译的一本焦点解决短程治疗的书，是送给千万个用汉语从事焦点解决短程治疗实践工作者的一份礼物！它适合咨询师、治疗师、教练、培训师、社会工作者、教师和家长，以及每一位深深热爱后现代心理学的伙伴阅读和使用。

赵然

博士

中央财经大学心理系教授

国际 EAP 协会中国分会主席

2017.04.23